和谐校园文化建设读本

心理学的 100个效应

李 弘 宋佳宁 / 编著

吉林教育出版社

图书在版编目(CIP)数据

心理学的100个效应 / 李弘，宋佳宁编著.—长春：吉林教育出版社，2012.6（2023.2重印）

（和谐校园文化建设读本）

ISBN 978 - 7 - 5383 - 9003 - 2

Ⅰ．①心… Ⅱ．①李… ②宋… Ⅲ.①心理学—青年读物②心理学—少年读物 Ⅳ．①B84 - 49

中国版本图书馆 CIP 数据核字（2012）第 116116 号

心理学的100个效应

XINLIXUE DE 100 GE XIAOYING

李　弘　宋佳宁　编著

策划编辑　刘　军　　潘宏竹

责任编辑　刘桂琴　　　　　　　　　　　　　　**装帧设计**　王洪义

出版　吉林教育出版社（长春市同志街 1991 号　邮编 130021）

发行　吉林教育出版社

印刷　北京一鑫印务有限责任公司

开本　710 毫米×1000 毫米　1/16　　**印张**　12　　**字数**　152千字

版次　2012 年 6 月第 1 版　　**印次**　2023 年 2 月第 2 次印刷

书号　ISBN 978 - 7 - 5383 - 9003 - 2

定价　39.80 元

编 委 会

总 序

千秋基业，教育为本；源浚流畅，本固枝荣。

什么是校园文化？所谓"文化"是人类所创造的精神财富的总和，如文学、艺术、教育、科学等。而"校园文化"是人类所创造的一切精神财富在校园中的集中体现。"和谐校园文化建设"，贵在和谐，重在建设。

建设和谐的校园文化，就是要改变僵化死板的教学模式，要引导学生走出教室，走进自然，了解社会，感悟人生，逐步读懂人生、自然、社会这三本大书。

深化教育改革，加快教育发展，构建和谐校园文化，"路漫漫其修远兮"，奋斗正未有穷期。和谐校园文化建设的研究课题重大，意义重要，内涵丰富，是教育工作的一个永恒主题。和谐校园文化建设的实施方向正确，重点突出，是教育思想的根本转变和教育运行机制的全面更新。

我们出版的这套《和谐校园文化建设读本》，既有理论上的阐释，又有实践中的总结；既有学科领域的有益探索，又有教学管理方面的经验提炼；既有声情并茂的童年感悟；又有惟妙惟肖的机智幽默；既有古代哲人的至理名言，又有现代大师的谆谆教诲；既有自然科学各个领域的有趣知识；又有社会科学各个方面的启迪与感悟。笔触所及，涵盖了家庭教育、学校教育和社会教育的各个侧面以及教育教学工作的各个环节，全书立意深邃，观念新异，内容翔实，切合实际。

我们深信：广大中小学师生经过不平凡的奋斗历程，必将沐浴着时代的春风，吸吮着改革的甘露，认真地总结过去，正确地审视现在，科学地规划未来，以崭新的姿态向和谐校园文化建设的更高目标迈进。

让和谐校园文化之花灿然怒放！

本书编委会

目 录

001 巴纳姆效应

朋友问我世界上什么事最难。我说挣钱最难，他摇头。哥德巴赫猜想？他又摇头。我说我放弃，你告诉我吧。他神秘兮兮地说是认识你自己。的确，那些富于思想的哲学家们也都这么说。

我是谁，我从哪里来，又要到哪里去，这些问题从古希腊开始，人们就开始问自己，然而都没有得出令人满意的结果。

然而，即便如此，人从来没有停止过对自我的追寻。

正因为如此，人常常迷失在自我当中，很容易受到周围信息的暗示，并把他人的言行作为自己行动的参照，从众心理便是典型的证明。

其实，人在生活中无时无刻不受到他人的影响和暗示。比如，你会发现这样一种现象：一个人张大嘴打了个哈欠，他周围会有几个人也忍不住打起了哈欠。有些人不打哈欠是因为他们受暗示性不强。哪些人受暗示性强呢？可以通过一个简单的测试检查出来。

让一个人水平伸出双手，掌心朝上，闭上双眼，告诉他现在他的左手上系了一个氢气球，并且不断向上飘；他的右手上绑了一块大石头，向下坠。三分钟以后，看他双手之间的差距，距离越大，则暗示性越强。

认识自己，心理学上叫自我知觉，是个人了解自己的过程。在这个过程中，人更容易受到来自外界信息的暗示，从而出现自我知觉的偏差。

在日常生活中，人既不可能每时每刻去反省自己，也不可能总把自己放在局外人的地位来观察自己。正因为如此，个人便借助外界信息来认识自己。个人在认识自我时很容易受外界信息的暗示,从而常常不能正确地知觉自己。

心理学的研究揭示,人很容易相信一个笼统的、一般性的人格描述。即使这种描述十分空洞,他仍然认为反映了自己的人格面貌。曾经有心理学家用一段笼统的、几乎适用于任何人的话让大学生判断是否适合自己,结果绝大多数大学生认为这段话将自己刻画得细致入微、准确至极。下面一段话是心理学家使用的材料,你觉得是否也适合你呢?

你很需要别人喜欢并尊重你。你有自我批判的倾向。你有许多可以成为你优势的能力没有发挥出来,同时你也有一些缺点,不过你一般可以克服它们。你与异性交往有些困难,尽管外表上显得很从容,其实你内心焦躁不安。你有时怀疑自己所做的决定或所做的事是否正确。你喜欢生活有些变化,厌恶被人限制。你以自己能独立思考而自豪,别人的建议如果没有充分的证据你不会接受。你认为在别人面前过于坦率地表露自己是不明智的。你有时外向、亲切、好交际,而有时则内向、谨慎、沉默。你的有些抱负往往很不现实。

这其实是一顶套在谁头上都合适的帽子。

一位名叫肖曼·巴纳姆的著名杂技师在评价自己的表演时说,他之所以很受欢迎是因为节目中包含了每个人都喜欢的成分,所以他使得"每一分钟都有人上当受骗"。人们常常认为一种笼统的、一般性的人格描述十分准确地揭示了自己的特点,心理学上将这种倾向称为"巴纳姆效应"(暗示效应)。

有位心理学家给一群人做完明尼苏达多项人格检查表后,拿出两份结果让参加者判断哪一份是自己的结果。事实上,一份是参加者自己的结果,另一份是多数人的回答平均起来的结果。参加者竟然认为后者更准确地表达了自己的人格特征。

　　"巴纳姆效应"在生活中十分普遍。当人的情绪处于低落、失意的时候,对生活失去控制感,于是安全感也受到影响。一个缺乏安全感的人,心理依赖性也大大增强,受暗示性就比平时更强了。

002 酝酿效应

在古希腊,国王让人做了一顶纯金的王冠,但他又怀疑工匠在王冠中掺了银子。可问题是这顶王冠与当初交给金匠的一样重,谁也不知道金匠到底有没有捣鬼。国王把这个难题交给了阿基米德。阿基米德为了解决这个问题冥思苦想,他起初尝试了很多想法,但都失败了。有一天他去洗澡,他一边坐进澡盆,一边看到水往外溢,同时感觉身体被轻轻地托起,他突然恍然大悟,运用浮力原理解决了问题。不管是科学家还是一般人,在解决问题的过程中,我们都可以发现"把难题放在一边,放上一段时间,才能得到满意的答案"这一现象。心理学家将其称为"酝酿效应"。阿基米德发现浮力定律就是"酝酿效应"的经典故事。

日常生活中，我们常常会对一个难题束手无策，不知从何入手，这时思维就进入了"酝酿阶段"。直到有一天，当我们抛开面前的问题去做其他的事情时，百思不得其解的答案却突然出现在我们面前，令我们忍不住发出类似阿基米德的惊叹，这时，"酝酿效应"就绽开了"思维之花"，结出了"答案之果"。"山重水复疑无路，柳暗花明又一村"正是这一心理的写照。心理学家认为，酝酿过程中，存在潜在的意识层面推理，储存在记忆里的相关信息在潜意识里组合，人们之所以在休息的时候突然找到答案，是因为个体消除了前期的心理紧张，忘记了个体前面不正确的、导致僵局的思路，具有了创造性的思维状态。因此，如果你面临一个难题，不妨先把它放在一边，去和朋友散步、喝茶，或许答案真的会"踏破铁鞋无觅处，得来全不费工夫"。

003 留白效应

在中国山水画中,有一种技法叫留白,就是在整个画面中,并不画满,而是留下一些空白,给人以想象的空白和余地。留白手法是一种智慧,它体现了有无相生、以无胜有的奥秘。如果将留白手法运用到人际关系中,就是为人处世的一种智慧。

心理实验表明,在相互交流的过程中,适当地留一些空白,会取得良好的效果,这就是"留白效应"。

学生犯了错误,老师找学生谈话的时候,经常娴熟地运用"留白效应"。针对学生的缺点,老师在谈话中会点到为止,并不说全说透,而是让学生自己去揣摩和思考。因为老师尊重学生,愿意做学生的知心朋友,学生也有时机去感悟,所以学生的逆反心理就会减弱,甚至会消失。

下属产生了不良情绪,领导在做其思想工作时,不妨说半句留半句,给下属留下思考的空间。有了想象的余地,下属会考虑得更全面,会发现自己原来的散漫与任性。这说明如果能合理地运用"留白效应",会收到事半功倍的效果。

　　在恋人、夫妻、同事、朋友间谈话时,都可以发挥留白效应的作用。懂得了这一技巧,你处理各种事情时,就会感到得心应手。

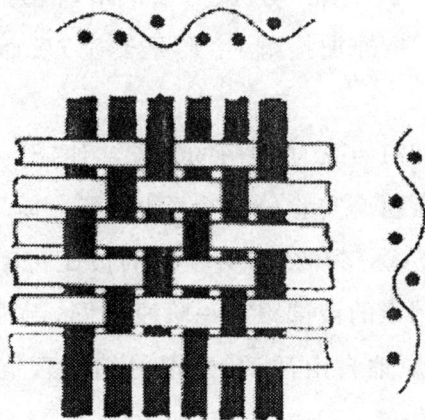

004 德西效应

"德西效应"是指在某些情况下,当外加报酬和内感报酬兼得的时候,不但不会使工作的动机、力量倍增,积极性更高,反而其效果降低,变成是二者之差,外加报酬(主要是奖励)反而会抵消内感报酬的作用。

【实验】德西在1971年做了专门的实验。他让大学生做被试,在实验室里解有趣的智力难题。实验分三个阶段,第一阶段,所有的被试都无奖励;第二阶段,将被试分为两组,实验组的被试每完成一个难题可得到1美元的报酬,而控制组的被试跟第一阶段相同,无报酬;第三阶段,为休息时间,被试可以在原地自由活动,并把他们是否继续去解题作为喜爱这项活动的程度指标。

【结果】实验组(奖励组)被试在第二阶段确实十分努力,而在第三阶段继续解题的人数很少,表明兴趣与努力的程度在减弱,而控制组(无奖励组)被试有更多人花更多的休息时间在继续解题,表明兴趣与努力的程度在增强。

【分析】这个结果表明,进行一项愉快的活动(即内感报酬),如果提供外部的物质奖励(外加报酬),反而会减少这项活动对参与者的吸引力。

关于"德西效应"的可能解释:

1. 原有的外加报酬距有关需要满足的水平太远,对外加报酬的要求太强烈;

2. 直接激励的原有强度不足;

3. 价值观（思想信念）的某种偏差，未能将需要层给结构调整得合乎工作要求。

【应用】处理好这几个因素，一般会降低外加报酬对内感报酬的消极影响，外加报酬会在不影响内感报酬的情况下发挥自身的作用。

005 超限效应

美国著名幽默作家马克·吐温有一次在教堂听牧师演讲。最初,他觉得牧师讲得很好,使人感动,准备捐款。过了 10 分钟,牧师还没有讲

完,他有些不耐烦了,决定只捐一些零钱。又过了 10 分钟,牧师还没有讲完,于是他决定,1 分钱也不捐。到牧师终于结束了冗长的演讲,开始募捐时,马克·吐温由于气愤,不仅未捐钱,还从盘子里偷了两元钱。这种刺激过多、过强和作用时间过久而引起心理极不耐烦或反抗的心理现象,称之为"超限效应"。"超限效应"在家庭教育中时常发生。如:当孩子不用心而没考好时,父母会一次、两次、三次,甚至四次、五次重复对一件事作同样的批评,使孩子从内疚不安到不耐烦最后反感讨厌。被"逼急"了,就会出现"我偏要这样"的反抗心理和行为。因为孩子一旦受到

批评,总需要一段时间才能恢复心理平衡,受到重复批评时,他心里会嘀咕:"怎么老这样对我?"孩子挨批评的心情就无法复归平静,反抗心理就高亢起来。可见,家长对孩子的批评不能超过限度,应对孩子"犯一次错,只批评一次"。如果非要再次批评,那也不应简单地重复,要换个角度,换种说法。这样,孩子才不会觉得同样的错误被"揪住不放",厌烦心理、逆反心理也会随之降低。

006 软化效应

在行为心理学中,人们把人的行为由硬变为软的原因归之于软化因素,这一现象被称之为"软化效应"。

"软化"是相对于"硬化"而问世的,"软化效应"也是随着"硬化效应"而诞生的。最近几个世纪以来,世界工业化进程加快,城市不断扩大,高层建筑拔地而起,遮蔽了人们的视野和有限的阳光,大片大片的绿地被旧城改造而吞食,代替它的是大面积的水泥地面和沥青公路。中世纪幽雅的田园风光已鲜为人知。这种城市环境的变化就称为"硬化"。硬化所造成的灰色基调,会在人们心理上产生压迫感、压抑感甚至厌恶感,并导致人们行为的"硬化"以及粗暴斗殴等行为的增长。这种破坏性的情绪化行为作用于"硬化"了的环境现象被称为"硬化效应"。换言之,人的行为由软变硬主要是由硬化因素造成的,反之,它又反作用于这些硬化环境。这种"硬化效应"对人类的危害极大,因此,人们便想到了解决这一问题的对策即"软化效应术",使"硬化效应"消除或得到防止。

为什么"软化效应术"能防止和克服"硬化效应"呢?其原因何在?研究认为,"软化效应"的产生有赖于下列因素:

一是与绿色的颜色效应有关。据研究,绿色具有如下心理"软化效应"。一是令人朝气蓬勃;二是令人安静平和;三是令人轻松舒适;四是令人安详娴雅;五是悠闲清新。通过绿化的软化工作,可以使"硬化效应"达到最低程度。

二是与美化的心理效应有关。美,总是给人以愉悦,使人的心情陶醉于美景美色之中,心情舒畅,根本不会产生冲动、生硬、好斗的行为倾向,而是与人为善、友好、和睦,使人的行为得到了软化、柔化。

三是与净化的心理效应有关。产生"硬化效应"很重要的一个因素是污染严重,有色彩污染、噪音污染、秩序污染、环境污染等。这些污染对人的心情破坏十分严重,使原有的心境变得情绪化、生硬化。而净化工作可以使人的心情得到安宁、舒适、清闲、空旷,使人的行为不再生硬、冲动、情绪化。

"硬化效应"在学校同样存在,有时甚至更为严重。因此,"软化效应术"在学校应用就显得更加迫切。为了使学校有更多的"软化效应",学校教师应努力运用以下对策:

首先,教师要积极支持学校求得社会的配合,即扩大城市绿化的面积,除去不必要的混凝土面积和围墙,种上花草树木,涂上浅绿的颜色,画上自然风景,使学生走出校园,犹如走进公园,感到春意盎然,生机勃勃,心情舒畅,愉快轻松。

其次,美化、净化、绿化校园,使它成为绿色的"天堂"。校园内种植树木花草,能使学生有美的享受,还有镇定、安静等感情上的融洽作用,并能使他们意志振作和奋发向上,对"软化"学生的偏激、冲动、生硬等情绪行为有一定意义。室外应尽量种植常绿树木和花期较长的花草,室内盆景除讲究造型外,还应有季节感,一年四季都能使学生在室内外体验到自然界变化的活力和生机。如果有条件的话,还应培植绿色的草坪与草地,因为它比起水泥地面更受学生的欢迎,那里可以成为学生们"冒险活动"的乐园。学校的校舍尽可能是低层建筑,这样可以提供更多的阳光和更广的视野。在教室外墙上也可以种些爬山虎或画上一些恰到好处的壁画,墙上秀丽的"山川树木"和柔和的绿色,会引起学生赏心悦目的感觉,起到某种"软化"行为和心灵的作用。

第三,学校教师还可以运用音乐来软化学生的心灵与行为。在课余休息或活动时,播放一些轻音乐。让学生的神经与肌肉松弛下来,得到

积极的休息。要禁用紧张、节奏过强、噪音成分过多的乐曲,因为它不仅没有软化校园氛围,而且还加强了学生心理紧张和烦躁的强度,容易导致过于激烈的活动。

第四,学校教师还要支持学校重视净化校园工作。净化校园主要是清除废物、废水、废气和减少噪音。一个校园净化得好不好直接影响到学生的态度和行为。因此,它也是产生"软化效应"的一个重要因素。

此外,教师、学生的穿着服饰也是软化环境的重要内容。教师宜朴素、大方、整洁、得体,不宜花枝招展、奇装异服,学生宜穿整洁简朴、充满朝气的服装,不宜穿灰色调的、成人化了的衣着。总之,穿着让人感到朝气蓬勃,柔和舒适,活泼可爱。

总之,要通过绿化、美化、净化这三级"软化"工作,使校园成为一个绿色世界,使学生的心灵和行为得到柔化、软化,起到"软化效应"。

007 拆屋效应

鲁迅先生曾于 1927 年在《无声的中国》一文中写下了这样一段文字："中国人的性情总是喜欢调和、折中的，譬如你说，这屋子太暗，说在这里开一个天窗，大家一定是不允许的，但如果你主张拆掉屋顶，他们就会来调和，愿意开天窗了。"这种先提出很大的要求，接着提出较小较少的要求，在心理学上被称为"拆屋效应"。虽然这一效应在日常生活中不多见，但也有不少学生学会了这些。如有的学生犯了错误后离家出走，班主任很着急，过了几天学生安全回来后，班主任反倒不再过多地去追究学生的错误了。实际上在这里，离家出走相当于"拆屋"，犯了错误相当于"开天窗"，用的就是"拆屋效应"。因此，班主任在教育学生的过程中，教育方法一定要恰当，能被学生所接受，同时，对学生的不合理要求或不良的行为绝不能迁就，特别要注意不能让学生在这些方面养成与班主任讨价还价的习惯。

008 成败效应

"成败效应"是指努力后的成功效应和失败效应,是格维尔茨在研究中发现的。他的研究是,设置几套难度不等的学习材料由学生们自由选择地解决。他发现能力较强的学生,解决了一类中一个问题之后,便不愿意再解决另一个相似的问题,而挑较为复杂的难度较大的问题,借以探索新的解决方法,而感到兴趣更浓。这就显示学生的兴趣,不仅是来自容易的工作获得成功,而是要通过自己的努力,克服困难,以达到成功的境地,才会感到内心的愉快与愿望的满足。这就是努力后的成功效应。在另一方面,能力较差的学生,如果经过极大的努力而仍然不能成功,失败经验累积的次数过多之后,往往感到失望灰心,甚至厌弃学习。这就是努力后的失败效应。因此,教师应帮助能力强的学生将目标逐渐提高,帮助能力较弱的学生将目标适当放低,以便适合其能力和经验。

009 重叠效应

在一前一后的记忆活动中,识记的东西是相类似的,对于保存来说是不利的。这是因为重复出现内容相同的东西时,相同性质的东西由于互相抑制、互相干涉而发生了遗忘的结果。心理学家柯勒把这种现象命名为"重叠效应"。也有人把它用来解释遗忘的机制。

记忆是相当微妙的东西。表面上看来类似的内容,实际上也许并不一样。而性质相同的内容集中在一起时,记忆很容易混合,因此就很难造成再生的现象。在心理学上,称此为"重叠效应","重叠效应"一出现,记忆也就失败了。

一个优秀的教师,把重叠效应作用于教学之中,可以获得事半功倍的效果。

例如,我们在学习汉字、外文单词以及其他材料时,一定要注意不要把相类似的东西集中在一起,这样容易产生"重叠效应"。如果要放在一起学习时,最起码有一些材料是很熟的,这样可能会产生同化作用,把生疏的材料同化于已熟记的材料之中。

大部分学生做笔记的时候,都是一个科目用一个笔记本。在老师上课的时候,这种方法还可以用,但在整理笔记内容而做复习的准备时,这未必是一种好办法。

为了防止这种"重叠效应",可以使用一本笔记本记多种内容的办法。比如说,笔记本的第 1 页到第 10 页,作为记英语单词用,第 11 页到第 20 页则用来记数学公式,第 21 页到第 30 页,作为记历史的内容用。也就是说,把一本笔记本多元化,会增加记忆的效果。假若翻阅笔记本,每一页都是英语单词、音标、英文句子，看了都会使人头痛。如果硬是记忆，也会因为"重叠效应"而使记忆被抑制，即使花了很多时间效果依然很小，这就是所谓的事倍功半。

一本笔记本记多项内容，可以避免心理感受达到饱和的状态，可以使记忆鲜明而持久。

010 焦点效应

"**焦**点效应"是人类的普遍心理,即把自己当作一切的中心,且高估了外界对自己的关注。这是心理学中所公认的一个事实——人都是以自我为中心的。其实,这在日常生活中随处可见。

我们与朋友聊天的时候,会很自然地将话题引到自己身上来,而且,每个人都希望成为众人关注的焦点,被众人评论,这就是"焦点效应"在生活中的体现。

很多时候,我们对自己过分关注,并以此联想到别人也会如此关注自己,这是"焦点效应"在作怪,我们总觉得自己是人们视线的焦点,自己的一举一动都受到监控,这样就会产生社交恐惧。

社交恐惧者在人群中总是"感到"大家都在关注自己,社交恐惧者会高估自己的社交失误和公众的注意程度。因此,正确理解"焦点效应"有助于消除社会恐惧。

正是因为每个人都有"焦点效应",在销售上利用"焦点效应"常常成为业务员的公交手段。推销产品对业务员来说是具有挑战意义的。大多数的推销员一进门就对客户大谈特谈"我们的产品怎么怎么样"、"我们的产品有什么优点"等。其实,客户本身不一定喜欢听推销员在那里絮絮叨叨地说。谁也不愿意听关于别人的事,特别是对于陌生人,大部分客户往往不愿意浪费自己的时间去听别人的事。

"焦点效应"不仅能够应用在销售上,在日常生活中也经常用到。每个人都希望成为外界关注的焦点,利用"焦点效应"你就能很快了解对方的意图,打破对方的心理防线。对别人表现出你的关注,能有效拉近彼此的距离。

011 搭便车效应

"**搭**便车效应"是指在利益群体内,某个成员为了本利益集团的利益所做的努力,集团内所有的人都有可能得益,但其成本则由这个人个人承担,这就是"搭便车效应"。

在合作学习中虽然全体小组成员客观上存在着共同的利益,但是从社会心理学的角度看,却容易形成"搭便车"的心理预期,个别学生活动时缺乏主动性或干脆袖手旁观,坐享其成;也有的学生表面上看参与了活动,实际上却不动脑筋,不集中精力,活动中没有发挥应有的作用等"搭便车"现象。产生"搭便车效应"的原因很多,首先,是异质分组客观上使学生的动机、态度和个性有差异;其次,许多学生没有完成合作技巧的培训,对于合作学习的评价的"平均主义",即只看集体成绩不考虑个人成绩的做法等。

"搭便车效应"的危害是非常大的,在合作学习过程中,如果更多地强调"合作规则"而忽视小组成员的个人需求,可能会使每个人都希望由别人承担风险,自己坐享其成,这会抑制小组成员为小组的利益而努力的动力。而且"搭便车"心理可能会削弱整个合作小组的创新能力、凝聚力、积极性等。心理学研究表明,如果合作小组的规模较小,由于每个小组成员的努力对整个小组都有较大影响,其个人的努力与奖励的不对称性相对较小,会使"搭便车效应"明显减弱;而且缩小规模的另外一个作用就是社会惰化现象会削弱,能够取得较高的合作效率和成果。所以在合作学习中建议 4～6 人为一小组,不要把有些大班简单地分成几个小组。当然还有许多事情可以做,比如要营造一种愉快的合作学习环境;要明确任务与责任合理分工;随时观察学习情况,监控活动过程,指导合作的技巧,调控学习任务,督促学生完成任务;奖励机制分配上破除"平均主义"。

012 得寸进尺效应

美国社会心理学家弗里德曼做了一个有趣的实验:他让助手去访问一些家庭主妇,请求被访问者答应将一个小招牌挂在窗户上,她们答应了。过了半个月,实验者再次登门,要求将一个大招牌放在庭院内,这个牌子不仅大,而且很不美观。同时,实验者也向以前没有放过小招牌的家庭主妇提出同样的要求。结果前者有 55% 的人同意,而后者只有不到 17% 的人同意,前者是后者的 3 倍。后来人们把这种心理现象叫做"得寸进尺效应"。

心理学认为,人的每个意志行动都有行动的最初目标,在许多场合下,由于人的动机是复杂的,人常常面临各种不同目标的比较、权衡和选

择,在相同情况下,那些简单容易的目标容易让人接受。另外,人们总愿意把自己调整成前后一贯、首尾一致的形象,即使别人的要求有些过分,但为了维护印象的一贯性,人们也会继续下去。

　　上述心理效应告诉我们,要让他人接受一个很大的甚至是很难的要求时,最好先让他接受一个小要求,一旦他接受了这个小要求,他就比较容易接受更高的要求。差生作为一个特殊群体,其身心素质和学习基础等方面都低于一般水平。转化差生,也要像弗里德曼一样善于引导,善于"搭梯子",使之逐渐转化;应贯彻"小步子、低台阶、勤帮助、多照应"的原则,注意"梯子"依靠的地方要正确、间距不宜太大、太陡,做到扶一扶"梯子",托一托人。

013 边际效应

心理学家曾做过一个实验：他们找到一个饥肠辘辘的人，无偿给他一个面包充饥，并让他给这个面包打分。无论这个面包是椰蓉的还是奶油的，是新出炉的还是昨天烤的，这个人立刻会给这个雪中送炭的面包打上高分。接下来，心理学家开始送给这个人更多的面包，并且让这个人逐一评分。实验证明，这个人给后来的面包评分时，打出的分数越来越低。

你可能觉得不可思议，白白地得到面包还不是越多越好啊？现在让我们仔细分析一下：这个饥饿的人得到第一块面包，立刻吃了下去，觉得这块面包真是美味无比。他得到第二块面包时，同样吃了下去。这时候，他差不多吃饱了。他得到第三块面包时，还是吃了下去，然后觉得很撑。他得到第四块面包时，可能会想：我吃不下了，但是没关系，我可以带回去吃。他得到第五块、第六块时，同样想着可以把面包带回去……当面前有了一大堆面包时，他开始发愁了，这么多面包怎么带回去呢？因此，他给每块面包打出的分数，自然是越来越低，到最后，几乎成了零。

从第一块面包开始，"下一块"面包带给这个人的满足感逐渐递减，这就是边际递减效应。在经济学上，"边际效应"指消费者在逐次增加一个单位消费品的时候，获得的单位效用是逐渐递减的。在社会学上，这一现象叫"剥夺与满足命题"，是由霍曼斯提出来的。更为学术的表达是："某人在近期内重复获得相同报酬的次数越多，那么，这一报酬的追加部分对他的价值就越小。"

"边际效应"告诉我们,我们对物品价值的认识不是来源于物品本身,而是通过使自己的需求、欲望等得到满足的程度来主观地体验的。消费或享用同样的东西带给我们的满足感和效用,会随着边界的变化而变化,越到最后,效用越小。

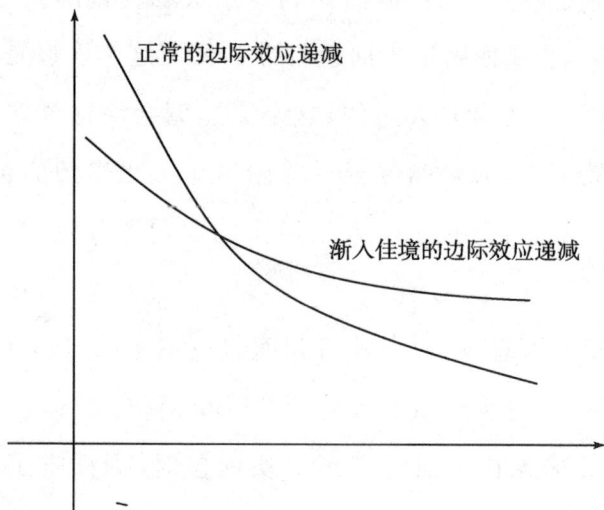

正常的边际效应递减

渐入佳境的边际效应递减

在为人处世中,"边际效应"大有用武之地。我们知道了"边际效应",就会发挥它的威力。有两个人,和你的关系都是一样的,没有远近亲疏之分。一个衣不蔽体,瑟瑟发抖;一个穿着貂皮大衣,一点儿都不觉得冷。你想把自己的火炉送给两人中的一个,那么你会选择谁呢?相信大多数人都会选择那个瑟瑟发抖的人。因为他冷得厉害,更加需要火炉。这时你给他一个火炉,他会满心地感激你,对你的帮助铭记在心。如果你给另一个不觉得冷的人送去火炉,他心中的感激一定没有那么深,说不定还会觉得火炉污染环境呢!

帮助、关爱、赏识要选择时机,都不能廉价。我们平时应该帮助那些亟须帮助的人,关爱那些备受冷落的人。明智的人宁愿雪中送炭,也不愿锦上添花。有的人身居高位,听惯了阿谀奉承,周围的人巴结他都来不及。此时,假如你送他一束花,他肯定觉得很平常。一旦他退休了,顿时门前冷落车马稀。这时候你送过去一束花,备受冷落的他多半会感慨万千,心想真是日久见人心啊!

014 奖惩效应

奖励或惩罚是对学生行为的外部强化或弱化的手段,它通过影响学生的自身评价,能对学生的心理产生重大影响,由奖惩所带来的行为的强化或弱化就叫做"奖惩效应"。心理学实验证明,表扬、鼓励和信任,往往能激发一个人的自尊心和上进心。但奖励学生的原则应是精神奖励重于物质奖励,否则易造成"为钱而学"、"为址主任而学"的心态。同时奖励要抓住时机,掌握分寸,不断升华。当然"没有惩罚就没有教育",必要的惩罚是控制学生行为的有效信号。惩罚时用语要得体、适度、就事论事,使学生明白为什么受罚和怎样改过。同时还应注意的是奖惩的频率,从心理学的研究结果看,当奖惩的比例为 5∶1 时往往效果最好。

015 进门槛效应

在心理学中，"进门槛效应"指的是如果一个人接受了他人的微不足道的一个要求，为了避免认知上的不协调或是想给他人留下前后一致的印象，就极有可能接受其更大的要求。

人们拒绝难以做到的或违反个人意愿的请求是很自然的，但一个人若是对于某种小请求找不到拒绝的理由，就会增加同意这种要求的倾向；而当他卷入了这项活动的一小部分以后，便会产生自己以行动来符合所被要求的各种知觉或态度。这时如果他拒绝后来的更大要求，自己就会出现认知上的不协调，而恢复协调的内部压力会使他继续干下去或做出更多的帮助，并使态度的改变成为持续的过程。运用这个方法来使别人接受自己的要求的现象，心理学上叫做"进门槛技术"。

如果在日常生活中学会运用这样的技巧来与人们进行沟通，就可能更易于得到对方的配合与支持。比如：交警在执勤时，发现有人违章驾驶，截停违章司机后用严厉的言语训斥他，或粗暴地责令其交出驾驶执照以登记罚款，这样的态度很容易造成司机心理上的抵触，从而人为地增加了工作的难度。这时，不妨考虑根据"进门槛效应"的原则，换一种沟通方式与司机进行交流。这里提供一种思路供参考：如截停当事人后，首先微笑并敬礼示意，再对他进行简短的交通安全常识宣传，然后指出其属于哪一种违章，可能会导致什么样的后果，尽量从当事人自身安全的角度来劝说，使他真正意识到自己的过错。

最好还能配合使用小的宣传彩页或安全常识小卡片，让市民清楚地知道自己违反了哪一条驾驶规则，设计一套"友情提示卡通图案"，让他从所犯错误的"肇事者"卡通系列贴纸里选取相应的那种贴在方向盘上，以便在以后的驾驶中随时提醒自己不要违反交通规则。这样的方法既能达到教育管理的目的，又能在和谐的氛围中形成比较良好的警民关系。即使必须采取罚款等措施的，经过这样的铺垫，也有利于使对方心悦诚服，采取主动配合的态度。

其实，"进门槛效应"也能在生活的各个方面中得到运用，这需要我们慢慢去摸索和体验。可以在与周围人们的交往中使用，让他人从心底里愿意接受你提出的观点。在实际生活里灵活地用好这个心理学小原理，经由沟通交往的过程，一步步地迈进他人的"心田"，给对方留下亲切友好的印象。

016 语义效应

生活中大部分人都是不理智的,表述情况的不一样会导致不一样的结果,这是为什么呢?其实这是受损失规避的正常心理影响的。一个小小的表述方式的改变就可以改变一个重大的选择,这在心理学上叫做"语义效应"。

生活中其他一些地方也会有"语义效应"的影响。心理学家发现,提问的措辞不一样,通常会影响同一个问题的答案,换句话说,一个意思,A种表达会得到正面的回答,而B种表达则可能得到相反的回答。真的有这么神奇吗?我们来看一个例子。

某心理学家向不同的调查对象分别询问了以下两个问题之一:

你认为大学是否应该允许学生恋爱?

你认为大学是否应该禁止学生恋爱?

这两个问题看起来好像问的是同一件事情,但得到的答案并不完全相同。当人们被要求回答大学是否应该允许学生恋爱时,72%的人持否定看法。而当人们被要求回答大学是否应该禁止学生恋爱时,有48%的人持肯定看法。

从逻辑上讲,禁止与不允许在意义上是等同的,可是,在那些发表意见的调查对象中,回答"不允许"比回答"禁止"的人竟然多了20%!

对于那些具有社会称许性的事件,人们总是愿意相信。所以对于调查者来说,在问题里明示事件的社会称许性,会加大人们选择肯定答案的几率;反之,则会降低。而对于被调查者来说,为了不使自己被社会称许性迷惑,我们不妨对描述问题做一个更细致的分析,以免被人利用。

从以上的例子中，我们可以发现，字里行间隐藏着陷阱，提法不同，答案就会不同。不严谨的民意调查不能真正反映人们的真实想法。

心理学家经过大量的研究证明，问题的措辞能够对人们的回答产生明显的影响。所以，对于有关决策与判断的调查和研究，一定要考虑人们的答案是否随着以下因素而发生变化：

问题出现的顺序；

问题呈现的情境；

问题是开放式还是封闭式；

问题是否经过过滤；

问题是否包含某些时髦词语；

答案选项的范围；

答案选项出现的顺序；

答案是否提供了中间选项；

问题是从收益还是从损失的角度来提出的。

如果你觉得以上这些因素可能会使答案发生改变，那么在经过措辞改变测试之前，你的研究结果是不具备可信度的。

如果结果经过了多种程序的测试仍然是一致的，那么我们就有理由相信这些判断。如果不是，就需要进行进一步的分析。由于判断往往容易受到问题措辞和框架的影响，因此最好的做法就是以多种方法来测试和比较结果。

一些巧妙的措辞会引导人们做出相应的选择，而这些选择可能仅仅是因为受到误导，而非出于被调查者的本意。这样一来，对于调查者来说是有机可乘的，他们可以通过所谓的民意调查来为自己赢得更多的支持者。反过来讲，如果你是被调查者，面对一个问题，你不妨再更换一下某些词汇，然后为自己做一个更加准确的判断。这对你来说是有利的，它能避免你被调查者利用。

017 霍桑效应

在美国芝加哥市郊外的霍桑工厂是一个制造电话交换机的工厂,具有较完善的娱乐设施、医疗制度和养老金制度等,但工人们仍愤愤不平,生产状况也很不理想。为探求原因,1924年11月,美国国家研究委员会组织了一个由心理学家等多方面专家参加的研究小组,在该工厂开展一系列试验研究。这一系列试验研究的中心课题是生产效率与工作物质条件之间的相互关系。这一系列试验研究中有个"谈话试验",即用两年多的时间,专家们找工人个别谈话两万余人次,规定在谈话过程中,要耐心倾听工人对厂方的各种意见和不满,并做详细记录;对工人的不满意见不准反驳和训斥。这一"谈话试验"收到了意想不到的结果:霍桑工厂的产量大幅度提高。这是由于工人长期以来对工厂的各种管理制度和方法有诸多不满,无处发泄,"谈话试验"使他们这些不满都发泄出来,从而感到心情舒畅,干劲倍增。社会心理学家将这种奇妙的现象称为"霍桑效应"。

"霍桑效应"给我们的启示是:人在一生中会产生数不清的意愿和情绪,但最终能实现能满足的却为数不多。对那些未能实现的意愿和未能满足的情绪,切莫压制下去,而要千方百计地让它宣泄出来,这对人的身心和工作都有利。据载:如今有单位专门设立"牢骚室",这正是"霍桑效应"在管理中的应用。

018 缄默效应

在人际交往中，做到基本上不使用强迫手段并不难。人们虽然会在皮鞭面前屈服，可那不过是表面上的服从，内心却充满了反叛、仇恨的复杂感情。不仅在感情上，在日常生活中也存在着正确信息的传播受到限制的现象。对统治者，人们大都愿意挑对方喜欢的、迎合对方的话来说，尽量避免说让对方不快或有可能降低自身价值的话。

这就叫"缄默效应"。职员在工作上犯了错误后因为害怕上司的威严而保持"缄默"，这样上司便得不到正确的信息，结果就会因错误得不到及时纠正而造成日后的重大损失。

从长远考虑，无论是在感情上还是在工作上都应尽量不使用强制手段。但对于上司或父母、教师等身份的人来说，强制手段不失为一种对下属或晚辈、学生发挥作用的简单快捷的好办法。同时，越是对自己的才干和人格魅力没有信心的人越会行使强制手段，因为他们自认为没有其他行之有效的办法去说服别人。

就像风和太阳的寓言所讲的那样，光靠猛烈的暴风雨是掀不掉人身上的衣服的，而平时以礼相待，在认为有必要发作时点到为止，这才是最有效的。

019 海格力斯效应

"以眼还眼,以牙还牙","以其人之道还治其人之身","你跟我过不去,我也让你不痛快",被称为"海格力斯效应"。这是指一对一的人际互动。这是一种人际间或群体间存在的冤冤相报,致使仇恨越

来越深的社会心理效应。希腊神话故事中有位英雄大力士,叫海格力斯,一天,他走在坎坷不平的路上,看见脚边有个像鼓起的袋子一样的东西,很难看,海格力斯便踩了那东西一脚。谁知那东西不但没被海格力斯一脚踩破,反而膨胀起来,并成倍成倍地加大,这激怒了英雄海格力斯。他顺手操起一根碗口粗的小棒砸那个怪东西,好家伙,那东西竟膨胀到把路也堵死了。海格力斯奈何不了他,正在纳闷,一位圣者走到海格力斯跟前对他说:"朋友,快别动它了,忘了它,离它远去吧。它叫

仇恨袋，你不惹它，它便会小如当初；你若侵犯它，它就会膨胀起来与你敌对到底。"仇恨正如海格力斯所遇到的这个袋子，开始很小，如果你忽略它，矛盾化解，它会自然消失；如果你与它过不去，加恨于它，它会加倍地报复。

020 近因效应

由于最近了解的东西掩盖了对某人一贯了解的心理现象叫做"近因效应"。心理学家研究表明，对陌生人的知觉，第一印象有更大的作用；而对于熟悉的人，对他们的新异表现容易产生"近因效应"。"近因效应"在学生交往中也是常见的，例如两个学生本来相处得很好，甲对乙堪称关怀备至，可是却因最近一次"得罪"了乙，就遭到乙的痛恨，这就属于"近因效应"的作用。同样，在学生的成长过程中，大部分人都不可能始终给人留下很好的第一印象，这就要求班主任一是要不断提高自己的能力，增强自身的吸引力；二是要不断鼓励学生进步，让学生能以新的姿态展现在外人面前，不断激励学生进步。

"近因效应"使我们仅仅根据人的一时一事去评价一个人或人际关系，割裂了历史与现实、现象与本质的关系，妨碍我们客观地、历史地看待人和客观事实，常常造成人与人之间的心理冲突，影响了我们对人和事做出客观、正确的评价和判断，对我们的实际工作和生活有着消极的影响。

021 哈奇森效应

哈奇森是加拿大的一个业余物理爱好者,他喜欢鼓捣一些奇怪的科学实验,他的家里摆满了实验用品。他可能与很多奇思妙想的科幻电影主角相似,唯一的不同只是,他这个人物并不是虚构的,他的实验也不是。

1979 年的一天,哈奇森正在研究泰斯拉纵波(尼古拉泰斯拉,无线电之父)。由于实验场地有限,那些用来发射电磁场和波的设备,比如泰斯拉线圈、高频发生器等等,只能勉强塞入到一个小屋子里。哈奇森把所有机器都打开,然后安静地等待着他的实验结果。

故事就这样开始了:哈奇森突然感到有个东西落在肩膀上,他斜眼一看,是块金属片,他也没怎么在意,把那金属片扔了回去,它却又飞了过来,打在他身上!这时哈奇森再观察屋里的其他动静——他简直不敢相信自己的眼睛:放在地上的一根大铁棒竟然飞了起来,在空中悬浮了一秒钟,然后"砰"的一声,又摔到了地上!

发生了什么?

为了搞清楚真相,哈奇森一次次地重复他的实验,又有令人惊骇的现象发生。比如:物体持续飘浮起来,像小头、塑料、泡沫塑料、铜、锌。它们会在空中盘旋,来回穿梭,形成旋涡并且不断升起,甚至有些物体会以惊人的速度自动抛出,撞击到人身上。

但这样的魔幻效应并不是时时都发生的,有时需要静静地等上好几天的时间才能看到一次,而在大多数时间里,没有任何异常状况发生。后来,通过对仪器不断地变换位置,比如光谱分析器、磁力计、盖格计数器(盖格计数器其实是辐射探测器的一种,可用来测量肉眼看不见的带电微粒)等仪器,哈奇森终于摸透了魔幻效应的"脾性",可以很快制造出魔幻效应了。

进一步的实验还发现:由水泥和石头堆砌起来的屋子周围会突然起火;镜子自己碎裂,碎片能飞到100米之外!金属会卷曲、破裂,甚至会碎成面包屑状的粉末;不同的金属可以在室温下熔合在一起,有的金属可以变成果冻或泥的状态,当仪器所产生的场被撤走后,它们会重新变硬;空中出现光束,紧接着无数光环显现,与此同时,容器中的水开始打旋……

真是闻所未闻,想都不敢想的事情!无数人都争抢着去看哈奇森的实验。哈奇森还向人们展示了无数实验中留下的样品——那些被"劈"开的金属、被弯曲了的粗大钢条、从铝块中冒出来的硬币……上述这些奇特的现象就被称为"哈奇森效应",哈奇森猜测,这种效应就是那些实验仪器的古怪组合导致的,它们发射出的电磁波互相干涉,产生出某种奇特的能量,这些能量在某些特别的区域交叠,在这些区域中,物体会飘浮起来,多种材料会变形,物体还会莫名其妙地消失……

022 吊胃口效应

用好吃的东西引起别人的食欲,让别人胃口大开,引申为让人产生欲望、兴趣或者爱好,这便是"吊胃口效应"。事实上所谓吊胃口,就是培养个人的兴趣或爱好。在工作或学习中,兴趣常常起着决定性作用。

无论做什么事情,只要有兴趣,就不会觉得枯燥烦闷,也不会认为没有意义。兴趣是人们活动的内在动力,是培养优点和特长的先决条件。同样是学习,有的人孜孜不倦、全神贯注,有的人心不在焉、坐卧不安,这就是由于兴趣的高低造成的。

一个人如果对正在做的事情感兴趣,就能发挥全部才能的80%;如果非常被动,毫无兴趣可言,就只能发挥全部才能的20%。父母明白了这一点,就应该想方设法培养孩子的兴趣,激发孩子的求知欲望。孩子有了学习某件东西的愿望时,不要轻易答应孩子的要求,应该吊足孩子的胃口,这样他们在以后的学习中,就会非常珍惜来之不易的机会。

求知欲望是学习过程能够顺利进行维持和完成的重要条件。兴趣和爱好是最好的老师。兴趣是学习的动力,决定了个人在学业或事业上能够取得多大程度的成功。小孩子也有自己的思想和爱好,父母一定要认真考虑孩子的兴趣,孩子的兴趣比较广泛,与年龄不无关系,而且不稳定,父母应该尊重、保护孩子的兴趣,并有意识地强化和培养孩子的兴趣。

要激起孩子的求知欲望,应该鼓励孩子接触新知识,养成广泛的兴趣。发现孩子有益的爱好,父母应该加以保护,激发他们向更高的台阶迈进。

023 蝴蝶效应

先从美国麻省理工学院气象学家洛伦兹的发现谈起。为了预报天气，他用计算机求解仿真地球大气的 13 个方程式。为了更好地验证结果，他把一个中间解取出，提高精度再送回。而当他喝了杯咖啡以后回来再看时竟大吃一惊：本来很小的差异，结果却偏离了十万八千里！计算机没有毛病，于是，洛伦兹认定，他发现了新的现象："对初始值的极端不稳定性"，即"混沌"，又称"蝴蝶效应"，亚洲蝴蝶拍拍翅膀，将使美洲几个月后出现比狂风还厉害的龙卷风！这个发现非同小可，以致科学家都不理解，几家科学杂志也都拒登他的文章，认为"违背常理"：相近的初始值代入确定的方程，结果也应相近才对，怎么能大大远离呢！线性，指量与量之间按比例、成直线的关系，在空间和时间上代表规则和光滑的运动；而非线性则指不按比例、不成直线的关系，代表不规则的运动和突变。如问：两个眼睛的视敏度是一个眼睛的几倍？很容易想到的是两倍，可实际是 6～10 倍！这就是非线性：1＋1 不等于 2。激光的生成就是非线性的！当外加电压较小时，激光器犹如普通电灯，光向四面八方散射；而当外加电压达到某一定值时，会突然出现一种全新现象：受激原子好像听到"向右看齐"的命令，发射出相位和方向都一致的单色光，就是激光。非线性的特点是：横断各个专业，渗透各个领域，几乎可以说是"无处不在时时有"。如：天体运动存在混沌；电、光与声波的振荡，会突陷混沌；地磁场在 400 万年间，方向突变 16 次，也是由于混沌。甚至人类自己，原来都是非线性的。与传统的想法相反，健康人的脑电图和心脏跳动并不是规则的，而是混沌的，混沌正是生命力的表现，混沌系统对外界的刺激反应，比非混沌系统快。由此可见，非线性就在我们身边，躲也躲不掉了。1979 年 12 月，洛伦兹在华盛顿的美国科学促进会的一次讲演中提出：一只蝴蝶在巴两扇动翅膀，有可能会在美国的得克萨斯引起一场龙卷风。他的演讲和结论给人们留下了极其深刻的印象。从此以后，所谓"蝴蝶效应"之说就不胫而走，名声远扬了。

　　"蝴蝶效应"之所以令人着迷、令人激动、发人深省，不但在于其大胆的想象力和迷人的美学色彩，更在于其深刻的科学内涵和内在的哲学魅力。混沌理论认为在混沌系统中，初始条件的十分微小的变化经过不断放大，对其未来状态会造成极其巨大的差别。我们可以用在两方流传的一首民谣对此作形象的说明。这首民谣说：丢失一个钉子，坏了一只蹄铁；坏了一只蹄铁，折了一匹战马；折了一匹战马，伤了一位骑士；伤了一位骑士，输了一场战斗；输了一场战斗，亡了一个帝国。马蹄铁上一个钉子是否会丢失，本是初始条件的十分微小的变化，但其"长期"效应却是一个帝国存与亡的根本差别。这就是军事和政治领域中的所谓"蝴蝶效应"。有点不可思议，但是确实能够造成这样的恶果。一个明智的领导人一定要防微杜渐，看似一些极微小的事情却有可能造成集体内部的分崩离析，那时岂不是悔之晚矣？

　　横过深谷的吊桥，常从一根细线拴个小石头开始。

024 流言的心理效应

《战国策·秦策二》记载:"费人胡与曾子同名者杀人,人告曾子母曰:'曾参杀人。'曾子之母曰:'吾子不杀人。'织自若。须臾,人又曰:'曾参杀人。'其母尚自若。

顷之,一人又告之曰:'曾参杀人。'其母惧,投杼逾墙而走。"

曾参是古代有名的贤人,他十分注重品德修养,每天都要三番五次地反省自己。其母对他十分了解,相信自己的儿子不会干出杀人之事,但经不起众口一词再三告以"曾参杀人",便再也坐不住,放下织布的梭子翻墙逃走了。后以"曾参杀人"一词喻流言可畏。

025 破窗效应

人不是独立的个体,心理状态会受环境因素的影响与干预。在说服一个人时,也应当有效地利用环境的因素来暗示和诱导对方做出相应的行动。带兵打仗要取得胜利,须"天时""地利""人和"三样俱全。说服也是如此,巧用环境,就是利用"地利"之便。美国心理学家菲利普·辛巴杜任教于斯坦福大学,他在1969年进行了这样一项实验:

他找来了两辆一模一样的汽车,然后把其中一辆停放在帕洛阿尔托的中产阶级社区,另一辆停在相对杂乱的纽约布朗克斯区。结果会怎样呢?

停放在布朗克斯区的那辆车,当天就被人偷走了。而停放在帕洛阿尔托的那辆,一个星期后仍然完好无损。后来,辛巴杜用锤子把停放在帕洛阿尔托的那辆车的玻璃敲碎。结果发生了变化,仅仅过了几个小时,它就不见了。

在这个实验的基础上,美国政治学家威尔逊和犯罪学家凯琳进一步进行研究,提出了"破窗效应"理论,他们认为:如果一栋建筑物窗户上的玻璃被人打坏了,而这扇窗户又没有得到及时维修的话,别人就很可能受到某些暗示性的纵容而去打碎更多的玻璃。时间长了,这些破窗户就会给人造成一种这里杂乱无章的感觉,然后在这种无序的氛围中,犯罪就会滋生。

"偷车实验"和"破窗理论"都揭示了这样一个心理学现象,即环境具有强烈的暗示性和诱导性。在生活中,这种环境的暗示和诱导作用时刻都在发生。

比如你到了一个城市，发现这里的地面很干净，墙上也没有人乱涂鸦，人们很自觉地把垃圾扔进垃圾桶中，整个环境都很整洁。在这样的情况下，你还会随手扔垃圾吗？在公交车站，如果大家都井然有序地排队上车，恐怕很少有人会不顾人们的文明举动以及鄙夷眼光而贸然插队吧？

与此相反，如果到了某地，发现垃圾成堆，臭气熏天，就算一个人一向爱好卫生，也可能会做出乱扔垃圾的行为；而如果车辆尚未停稳，急不可耐的人们就你推我搡，争先恐后的，后来的人就算有心排队上车，恐怕也没有多少耐心了。

因此，如果你要与人进行谈判或交涉，应该尽量约定在自己熟悉的地盘上，即使条件不允许，至少也该选在中立地带。

一个人要想事业有成，就要讲求"天时""地利""人和"。如果你从事的是推销工作，并且工作就在你的公司或店面开展，你就要善于利用自己的主战场，利用环境的因素，对你的客户进行心理暗示和诱导，这会为你的营销工作带来极大的便利。

026 黑暗效应

在光线比较暗的场所,约会双方彼此看不清对方表情,就很容易减少戒备感而产生安全感。在这种情况下,彼此产生亲近的可能性就会远远高于光线比较亮的场所。心理学家将这种现象称之为"黑暗效应"。

有一个这样的案例:有一位男子钟情于一位女子,但每次约会,他总觉得双方谈话不投机。有一天晚上,他约那位女子到一家光线比较暗的酒吧,结果这次谈话融洽投机。从此以后,这位男子将约会的地点都选择在光线比较暗的酒吧。几次约会之后,他俩终于决定结下百年之好。社会心理学家研究后的结论是,在正常情况下,一般的人都能根据对方和外界条件来决定自己应该掏出多少心里话,特别是对还不十分了解但又愿意继续交往的人,既有一种戒备感,又会自然而然地把自己好的方面尽量展示出来,把自己的弱点和缺点尽量隐藏起来。因此,这时双方就相对难以沟通。

027 零和游戏效应

当你看到两位对弈者时，你就可以说他们正在玩"零和游戏"。因为在大多数情况下，总会有一个赢，一个输，如果我们把获胜计算为得 1 分，而输棋为 −1 分，那么，这两人得分之和就是：$1+(-1)=0$。

这正是"零和游戏"的基本内容：游戏者有输有赢，一方所赢正是另一方所输，游戏的总成绩永远是零。

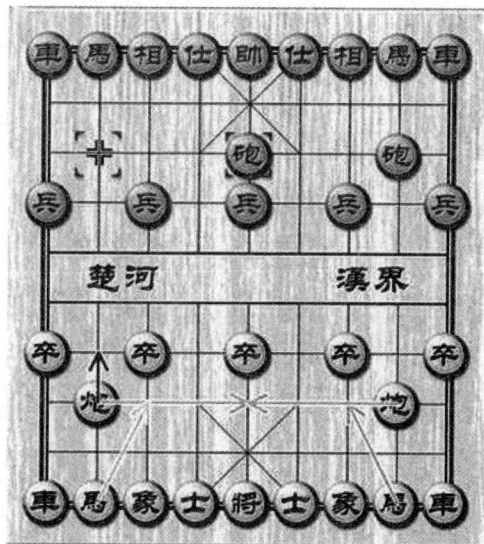

零和游戏原理之所以广受关注，主要是因为人们发现在社会的方方面面都能发现与"零和游戏"类似的局面，胜利者的光荣后面往往隐藏着失败者的辛酸和苦涩。从个人到国家，从政治到经济，似乎无不验证了世界正是一个巨大的"零和游戏"场。这种理论认为，世界是一个封闭的系统，财富、资源、机遇都是有限的，个别人、个别地区和个别国家财富的增加必然意味着对其他人、其他地区和国家的掠夺，这是一个"邪恶进化论"式的弱肉强食的世界。

但 20 世纪人类在经历了两次世界大战，经济的高速增长、科技进步、全球化以及日益严重的环境污染之后，"零和游戏"观念正逐渐被"双赢"观念所取代。人们开始认识到"利己"不一定要建立在"损人"的基础上。

通过有效合作，皆大欢喜的结局是可能出现的。但从"零和游戏"走向"双赢"，要求各方要有真诚合作的精神和勇气，在合作中不要耍小聪明，不要总想占别人的小便宜，要遵守游戏规则，否则"双赢"的局面就不可能出现，最终吃亏的还是自己。

028 邻近效应

两个人能否成为朋友，这与两人住处的远近有很大关系，这被称为"邻近效应"。那么为什么邻近性会引发好感呢？

一、增强亲近感

邻近性一般都会增强亲近感。住得近的人自然碰面的机会也相对频繁，重复的接触就会引发、增强相互间的好感。

二、强烈的相似性

人们大多选择社会地位、经济实力与自己相近的人为邻，而地理位置上的邻近性进一步增强了人们的相似性。

三、越是邻近的人，其可利用度也越高

邻居之间不用花费太多的时间和费用便可成为好朋友，而且有很多事可以相互嘱托，有快乐可以共同分享。比如可以请邻居照看孩子或房子，家里不管发生什么大事小事都可以相互照应。

四、认知的一贯性

与讨厌的人比邻而居，在心理上是难以忍受的。人们在交往中大多愿意接近与自己合得来、住所比较近的人。

029 淬火效应

淬过火的钢才能成为好钢,经历过挫折的孩子才能心智更成熟。意气用事绝非良策,父母对于孩子,不妨冷处理,让孩子充分认识到自己的缺点。

"淬火效应"原指金属加热到一定的温度之后,将金属浸入冷却剂(油、水等)中冷却,这样处理过后,金属会更加坚硬,性质也更稳定。在心理学或家庭教育学上,淬火效应也叫"冷处理",指孩子做出不良行为时,父母对其不加理睬,孩子得不到父母的关注,时间一长就会改正自己的行为。

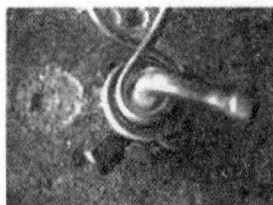
铜件焊接

齿轮、链轮淬火

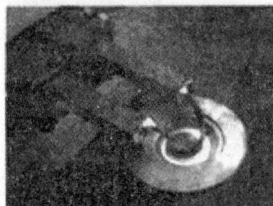
工件内孔淬火

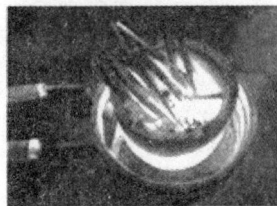
有色金属熔炼

一些孩子经常受到别人的表扬,难免自高自大,头脑发热,这时父母不妨给孩子制造些障碍,让他们受点挫折。经过几次锻炼后,孩子的心智会更加成熟,心理承受能力也会更强。相信这样的孩子取得成功的几率更大,因为他们经历过淬火,已经百炼成钢。

好学校不如好家教。孩子惹了麻烦,犯了错误,不拿父母的说教当一回事;或者孩子已经产生了逆反心理,对父母的批评觉得无所谓,父母最好运用"淬火效应",对孩子进行冷处理。这时候不应采取一些激进的措施,以防矛盾激化。一段时间之后,孩子会自己进行思考,思量自己的行为是对还是错。此时,父母再心平气和地指出孩子的不足,这样会取得理想的效果。

对于淘气、贪玩和不听话的孩子,父母会恨铁不成钢。但是大多数孩子都是独生子女,平时就被宠坏了,忽然看到父母声色俱厉地教育自己,肯定不能接受,心里也不服气。父母嗓门越大,孩子的反叛情绪就越严重。遇到这种情况,父母也应该冷处理。大发雷霆只是一时痛快,不但孩子不能接受,问题也得不到解决,算是下下策。父母应该明白,教子方式会影响孩子的一生,简单、粗暴的教育方式绝对于事无补。

030 莫扎特效应

1993年，加利福尼亚大学欧文分校的戈登·肖教授进行了一项实验。他们让大学生在听完莫扎特的《双钢琴奏鸣曲》后马上进行空间推理的测验，结果发现大学生们的推理能力明显地提高了。他们将这种现象称作"莫扎特效应"。

"莫扎特效应"启发人们从多个角度思考促进脑功能发展的途径和方法，并使人们日益认识到欣赏音乐等传统上被视为"休闲"的活动在脑

的潜力开发中可能具有一定的价值。

音乐具有神奇的力量。科学家们发现,当人听到欧洲18世纪的巴洛克音乐时,心跳、脑电波、脉搏等会逐渐与音乐的节奏同步,从而变得缓慢和协调;血压也会相应地下降。这时,整个人会有一种轻松舒畅的感受。同时,实验证据也表明,如果经常聆听巴洛克音乐,还对人的身心健康有很大的帮助,特别是对一些心因性疾病,如高血压、心脏病、失眠、糖尿病等,有非常好的预防和缓解的作用。

在戈登教授发现了莫扎特效应以后,他们又对小学生进行了类似的实验。让一组小学生在进行钢琴训练后玩一个有关比例和分数的数学电子游戏;另一组小学生则在英语训练后再玩游戏,结果发现,进行钢琴训练的小学生的游戏成绩比进行英语训练的高出了15%。如今,研究者们发现,音乐不仅对小学生分数、百分比运算能力、空间—时间推理能力有一定促进作用,而且对阅读理解、言语记忆等心理能力也有着重要的影响。

一些科学家认为,音乐欣赏包含了空间知觉和空间推理能力,这是数学能力的重要组成部分。音乐欣赏能够强化人脑中潜在的神经结构,从而提高相应的数学能力,就像肌肉训练能够强化人的运动能力一样。另一些科学家则认为,音乐可能更多地和我们的右脑活动相关,如果有意识地加强音乐训练,就相应地能够促进右脑的活动,从而提高工作效率。

音乐的魔力还不止于此。医生们常常发现,患有帕金森氏综合征的患者行动和反应都很迟缓,但是在听音乐,甚至在头脑中想音乐时,也可能会奇迹般地恢复一些功能。当音乐一停止又会变得寸步难行。这说明,尽管"莫扎特效应"等发现还有待进一步科学研究的确认,但音乐在脑功能促进方面的神奇力量已经逐渐引起了人们的重视。对失去了意愿和行动之间联系的病人而言,音乐有可能使中断的"链条"重新连接起来。

　　运动是智力发展的重要途径。过去,在人们的印象中,运动和智慧似乎是两样相反的事物,人们总认为"四肢发达"必定"头脑简单"。然而,现在的科学研究却表明,不但运动和智慧能够互相协调,而且运动还是智力发展的重要途径。

　　科学家们已经发现,适度、有规律地摇动婴儿可以促进其脑部的发育,尤其是前庭系统功能的发展。而前庭系统对于正常心理能力的发展有重要的作用。美国进行的一项研究表明,如果儿童每天都参加体育活动,包括旋转、跳绳、做操、翻筋斗、打滚、走平衡木,在操场一些低矮的运动器具间攀爬、滑行、翻滚、跳跃,在教室里参加集体游戏等等,将会有助于他们学习成绩的提高。科学家们认为,这些游戏有利于儿童视觉、听觉、嗅觉、触觉、前庭感觉等的发育,将感觉统和起来,从而促进脑功能的发挥。

　　对儿童来说,适量参加体育活动,将会非常有效地促进脑的发育,使许多重要的心理功能得到迅速发展。而即便是成年人,在休闲时间多参加体育活动,进行相应的体育锻炼,也可以缓解脑的工作压力,从而更好地投入工作。

031 凡勃伦效应

一些商品价格定得越高,就越能受到消费者的青睐。有一天,一位禅师为了启发他的门徒,给他的徒弟一块石头,叫他去蔬菜市场,并且试着卖掉它,这块石头很大,很美丽。但是师父说:"不要卖掉它,只是试着卖掉它。注意观察,多问一些人,然后只要告诉我在蔬菜市场它能卖多少钱。"

这个人去了。在蔬菜市场,许多人看着石头想:它可作很好的小摆件,我们的孩子可以玩,或者我们可以把它当作称菜用的秤砣。于是他们出了价,但只不过几个小硬币。那个人回来,他说:"它最多只能卖几个硬币。"

师父说:"现在你去黄金市场,问问那儿的人。但是不要卖掉它,光问问价。"

从黄金市场回来,这个门徒很高兴,说:"这些人太棒了。他们乐意出到 1000 块钱。"

师父说:"现在你去珠宝市场那儿,低于 50 万不要卖掉。"

他去了珠宝商那儿。他简直不敢相信,他们竟然乐意出 5 万块钱,他不愿意卖,他们继续抬高价格,后来他们出到 10 万。但是这个门徒说:"这个价钱我不打算卖掉它。"

他们说:"我们出 20 万、30 万!"

这个门徒说:"这样的价钱我还是不能卖,我只是问问价。"

虽然他觉得不可思议:"这些人疯了!"他自己觉得蔬菜市场的价已经足够了,但是没有表现出来。最后,他以 50 万的价格把这块石头卖掉了。

他回来后,师父说:"不过现在你明白了,这个要看你,看你是不是有试金石、理解力。如果你不要更高的价钱,你就永远不会得到更高的价钱。"

在这个故事中,师父要告诉徒弟的是关于实现人生价值的道理,但是从门徒出售石头的过程中,却反映出一个规律:"凡勃伦效应"。

我们经常在生活中看到这样的情景:款式、皮质差不多的一双皮鞋,在普通的鞋店卖80元,进入大商场的柜台,就要卖到几百元,却总有人愿意买。1.66万元的眼镜架、6.88万元的纪念表、168万元的顶级钢琴,这些近乎"天价"的商品,往往也能在市场上走俏。

其实,消费者购买这类商品的目的并不仅仅是为了获得直接的物质满足和享受,更大程度上是为了获得心理上的满足。这就出现了一种奇特的经济现象,即一些商品价格定得越高,就越能受到消费者的青睐。由于这一现象最早由美国经济学家凡勃伦注意到,因此被命名为"凡勃伦效应"。

随着社会经济的发展,人们的消费会随着收入的增加,而逐步由追求数量和质量过渡到追求品位格调。

了解了"凡勃伦效应",我们也可以利用它来探索新的经营策略。比如凭借媒体的宣传,将自己的形象转化为商品或服务上的声誉,使商品附带上一种高层次的形象,给人以"名贵"和"超凡脱俗"的印象,从而加强消费者对商品的好感。

这种价值的转换在消费者从数量、质量购买阶段过渡到感性购买阶段时,就成为可能。实际上,在东南沿海的一些发达地区,感性消费已经逐渐成为一种时尚,而只要消费者有能力进行这种感性购买时,"凡勃伦效应"就可以被有效地转化为提高市场份额的营销策略。

032 定式效应

有一个农夫丢失了一把斧头，怀疑是邻居的儿子偷盗的，于是观察他走路的样子，脸上的表情，感到言行举止就像偷斧头的贼。后来农夫找到了丢失的斧头，他再看邻居的儿子，竟觉得言行举止中没有一点偷斧头的模样了。这则故事描述了农夫在心理定式作用下的心理活动过程。所谓心理定式是指人们在认知活动中用"老眼光"——已有的知识经验来看待当前的问题的一种心理反应倾向，也叫"思维定式"。

在人际交往中，"定式效应"表现在人们用一种固定化了的人物形象去认知他人。例如：我们与老年人交往中，我们会认为他们思想僵化，墨守成规，跟不上时代；而他们则会认为我们年纪轻轻，缺乏经验，"嘴巴无毛，办事不牢"。与同学相处时，我们会认为诚实的人始终不会说谎；而一旦我们认为某个人老奸巨猾，即使他对你表示好感，你也会认为这是"黄鼠狼给鸡拜年——没安好心"。"心理定式效应"常常会导致偏见和成见，阻碍我们正确地认知他人。所以我们要"士别三日，当刮目相看"他人呀！不要一味地用老眼光来看人、处世。

033 名人效应

美国心理学家曾做过一个有趣的实验,在给大学心理系学生讲课时,向学生介绍说聘请到举世闻名的化学家。然后这位化学家说,他发现了一种新的化学物质,这种物质具有强烈的气味,但对人体无害。在这里只是想测一下大家的嗅觉。接着打开瓶盖,过了一会儿,他要求闻到气味的同学举手,不少同学举了手,其实这只瓶子里只不过是蒸馏水,"化学家"是从外校请来的德语教师。这种由于接受名人的暗示所产生的信服和盲从现象被称为"名人效应"。"名人效应"的产生依赖于名人的权威和知名度,名人之所以成为名人,在他们那一领域必然有其过人之处。名人知名度高,为世人所熟悉、喜爱,所以名人更能引起人们的好感、关注、议论和记忆。由于青少年的认识特点及心理发展,他们多为形式化、表面性的形象所吸引,他们喜欢的名人多为歌星、影星一类,出现追星现象。这就要求班主任要为学生选择好"名人",以促进学生的健康成长。

034 马太效应

美国著名哲学家罗帕特·默顿发现荣誉越多的科学家,授予他的荣誉就越多;而对那些默默无闻的科学家,对其做出的成绩往往不予承认。他于1973年把这种现象命名为"马太效应"。

在班级管理中,就是好学生好对待,差学生差对待,而好与差的标准主要还是学习成绩。对于一些班主任心目中的好学生来说,爱"过剩"的时候,就会贬值,他们对表扬就会变得麻小不仁,认为一切都是理所当然。这种优越的社会心理环境会使他们在成长中变得非常脆弱,经不起挫折。而对另外一些学生仅仅因为分数不高,就会长期处在被班主任的关爱遗忘的角落,这种人为造成的恶劣的心理环境,将会使他们情绪偏激、行为带有触发性和冲动性,这样必然导致学生个性的畸形发展,引发学生的心理障碍。

"马太效应"是指学习能力强的学生,发言机会就多,而发言机会愈多能力愈强,学习能力弱者反之,造成优者越优,差者越差,两极分化。在小组合作学习中,我们常碰到这样的情况,能力较高的成员受到尊重,并取得领导地位,甚至抢尽风头或牺牲其他组员的利益来自我获益;而能力较低的成员则完全丧失了合作学习的兴趣。

社会心理学家认为,"马太效应"是既有消极作用又有积极作用的社会心理现象。其积极作用是:"马太效应"使学习能力强的学生会获得越来越多的荣誉和越来越高的评价,这对小组内表现一般的学生有巨大的吸引力,促使他们去努力,从这个意义上讲,"马太效应"将客观上促使组内竞争的产生,而合作学习并不排斥竞争,这是符合合作学习的精神的。

其消极作用是：获得高评价的学生，如果没有清醒的自我认识和没有理智态度容易产生居功自傲、遭小组成员非议等不利于合作的行为现象。很显然，如果一味放任小组成员的自发无序的竞争只会导致不均衡的加剧。

消除合作学习中"马太效应"的消极作用，要求我们努力实现评价的社会公平感。"马太效应"导致学生参与度不均衡的主要原因是学生的个人职责不明确以及老师只关注小组的学习结果，不注意学习过程和个人的学习进步。所以，在合作学习的评价中，教师不仅要关注学习结果，更要关注学习过程，教师还需要讲究评价策略，做到指导与激励相结合，对不同发展水平的学生有不同的要求，应关注每一位学生，特别是对小组中能力较差的学生更应注意到他们的点滴进步。

035 罗森塔尔效应

"**罗**森塔尔效应"是美国心理学家罗森塔尔和雅克布森 1968 年通过实验研究而提出来的,它揭示了教育过程中这样一种心理现象:实验者向教师提供某类学生有极好发展潜力的假信息,引发教师对这类学生产生期望,从而对他们表现出特别的关照、注意;学生体察到教师对自己的这种期望,受到激励,因而更加勤奋努力地学习,结果,智力和学习成绩大幅度提高。

由于"罗森塔尔效应"的特殊效果,许多教育工作者都喜欢运用。然而仔细分析各类教育案例就会发现,对于不同类型的学生,"罗森塔尔效应"差异明显:有的同学对老师的亲近与关注反应积极,"期望"产生的效应良好;但也有不少同学"期望"的效应较差,有时甚至表现得更为消极和失望。这说明,"罗森塔尔效应"与任何一种心理现象的产生一样,是带有条件的,有其产生的心理基础,也就是说,教师的期望只有在"适当的心理条件"下才会起作用。如只有在充分分析学生的心理状态、学习动机、自我意识等特点的基础上,有分寸地发出"期望","罗森塔尔"才会产生强烈的"正效应";否则可能会产生零效应,甚至负效应。负效应的产生多与下面的心理态势相关:

一、学习动机模糊不清

"罗森塔尔效应"产生的心理前提首先是学生的学习动机,学习动机是直接推动学生进行学习的内部力量。心理学的调查研究材料表明:学习动机是复杂多样的,以动机在每个学生身上起作用的大小而论,又有主导性动机和辅助性动机。教师亲近的态度、满含期望的特别关注,只是一种外在条件,只有当学生高度重视并且渴望得到老师的这种"关注","期望"的效应才会产生。学生这种渴望受到老师重视、获得老师表扬的心理趋向,就成为了学习的附属内驱力,学生附属内驱力越强,教师期望产生的价值就越高。受多种原因的影响,一些学生的学习动机往往模糊不清,形成的附属内驱力表现为紊乱而弱小,因此,期望产生的价值也不会太大。

二、逆反心理强烈反弹

一些学生对于自己在家庭、社会或学校中的地位不满意,或自己的父母、亲人在社会上长期处于被排斥甚至被欺凌的地位,因此常常会无意识地把一切有权威的人都看成有威胁的人物,看成自己或家庭受打击受痛苦的来源。而处在他们的年龄,是很容易把这种仇视转移到在学校生活中处于优势地位的教师身上的,此时处于"靶子"地位的教师,他们对学生的期待暗示不但不能被接受,反而会产生一定程度的心理反弹或对抗。这些学生害怕上老师的"当",不愿成为教师的"宠儿",教师的期待在他们身上所起的作用往往是负面的,呈负效应。

三、自我独立意识明显

在教育实践中,教师的期待暗示只有在那些自我意识不强和易受暗示的学生身上才起作用,"罗森塔尔效应"也才能显示一定效果。而事实上,多数中学生的意向是不随教师的期待而改变的,特别是自我意识日益增强的中学生,紧张、单调的学习考试生活使他们长期处于消极压抑的心理状态之下,独立意识的发展往往超过同龄人。在他们面前,教师的态度不再是影响学习的主要因素,在学习自觉性稍强的时候,占支配地位的学习愿望不仅仅是为实现教师的预言;而自觉性很差的时候,教师的期望则更难转化为学习的内在动力和学习行动。

所以，教师的期待如果要产生如其所期待那样的正效应，必须努力创设适当的心理条件：一是期待输出者——教师，应通过自身的知识、能力、修养、人格取得学生的信任，获得他们的信赖；二是应帮助期待信息的接受者——学生，具备接受期待的内部心理机制。

036 南风效应

《**读**》者》刊登过这样一个有趣的故事：一位老人在一个小乡村里休养，但附近却住着一些十分顽皮的孩子，他们天天互相追逐打闹，吵闹声使老人无法好好休息，在屡禁不止的情况下，老人想出了一个办法。他把孩子们都叫到一起，告诉他们谁叫的声音越大，谁得到的报酬就越多，他每次都根据孩子们吵闹的情况给予不同的奖励。到孩子们已经习惯于获取奖励的时候，老人开始逐渐减少所给的奖励，最后无论孩子们怎么吵，老人一分钱也不给。结果，孩子们认为受到的待遇越来越不公正，认为"不给钱了谁还给你叫"，再也不到老人所住的房子附近大声吵闹。行为如果只用外在理由来解释，那么，一旦外在理由不再存在，这种行为也将趋于终止，因此，如果我们希望某种行为得以保持，就不要给它足够的外部理由。公司老板如果希望自己的职员努力工作，就不要给予职员太多的物质奖励，而要让职员认为他自己勤奋、上进，喜欢这份工作，喜欢这家公司；同样，希望孩子努力学习的家长，也不能用太多的金钱和奖品去奖励孩子的好成绩，而要让孩子觉得自己喜欢学习，学习是有趣的事。

法国作家拉封丹写过一则寓言：北风和南风相约打赌，看谁能把路上行人的衣服脱掉。于是北风便大施淫威，猛掀路上行人的衣服，行人为了抵御北风的侵袭，把大衣裹得紧紧的。而南风则不同，它轻轻地吹，风和日丽，行人只觉得暖洋洋的，开始解开纽扣，继而脱掉大衣。北风和南风都是要使行人脱掉大衣，但由于态度和方法不同，结果大相径庭。

南风之所以能达到目的，就是因为它顺应了人的内在需要，使人的

行为自觉发生了变化。这个故事告诉我们,用温和的方法处理问题往往比用强制的手段更有效。

从平常的教学来看,"南风效应"也非常适用于那些在成长的道路上偶尔犯错的孩子。

教师教育学生要讲究方法,你怒对学生,拍桌、打椅甚至体罚,会使你的学生的"大衣裹得更紧";采用和风细雨"南风"式的教育方法,你会轻而易举地让学生"脱掉大衣",达到你的教育目的,收到更好的教育效果。

下面是某教师将"南风效应"利用于教学中的两则事例:

(一)某教师在给三年级布置作业时的一幕:

教师说:"今天抄写第二单元的所有单词。"顿时,一片哗声"啊——",紧接着,"这么多!?""我不想抄。"

教师本想好好地批评教育他们:这是双休日的作业,这是最基本最简单的作业了,这还不要做,你们想做什么呀!不想做的多抄几遍。但转念间,教师觉得强迫做出来的作业效果肯定不好,于是教师等他们安静下来,问:"你们不想抄是吗？那好,做不做这个作业由你自己决定,想抄几遍也随你们。"教师没多说就走出了教室。

令人惊奇的是,第二天,课代表一早就把作业收齐了交给了教师。

(二)在一次小组活动课上,某教师发现课堂上出现了很多声音。于是,请他们停止了小组活动,教师平静地说:"我现在要做个调查,请刚才趁小组活动在随便讲话的同学自觉起立。我不批评你们,我只想做个调查,到底发生什么了。"过了几秒钟,几位同学有些胆怯地站了起来。教师依然很平静地说:"请你们告诉我,你们有什么事需要上课来讨论来解决?"这下,他们有些放松了,一一说了起来。听完后,教师坚定地问他们:"现在你们解决事情了,而且也认识到自己的不当之处了,是吗?"他们点点头。"好,那我不希望下次再发生这样的事。请坐下。"接下来的课堂变得井然有序了。

037 飞镖效应

这是上午第四节课了。同学们都期望着老师能早点儿下课，最起码是按时下课，因为他们实在有点疲劳了。但是，化学老师还没有察觉到学生的心理反应，一个劲地往下讲。下课铃声响了，他仍津津有味地讲着课。看得出来，这位老师是位认真负责的老师，干劲十足，毫不马虎。但学生听课的劲头越来越差：开始还认真听讲，继而心不在焉，东张西望，最后交头接耳，传递纸片，甚至故意咳嗽，搬动桌椅，打哈欠，整个教室骚动起来。弄得这位老师丈二和尚——摸不着头脑。是啊，作为教师，他平素深为学生敬佩，而教学内容也是学生们能接受的。这究竟怎么了？

说来也不怪，这是教师拖堂引起了学生们的"情绪逆反"。情绪逆反就是指学生本来是喜欢听这位教师的课，或这门课的内容，但由于教师拖堂的行为引起了学生的反感情绪，从而向相反的方向发展。国外心理学家把这种心理现象称之为"飞镖效应"。

"飞镖"是古代捕猎的一种巧妙武器，它沿着一条弧线飞出去，而后再继续沿着弯曲的弧线折回来，重新回到猎人的手里。这种飞镖的飞行轨迹，很形象地描写了学生的情感活动中有时难免出现的失而复原的情况，暗示着某种情绪回归的艺术。上面讲的这位化学老师如果懂得"飞镖效应"的功能，那么就不会拖堂，即使拖堂了，也会马上发现学生的情绪逆反情形，即刻停止讲课，更不会因此抱怨学生不好好学习。因为他知道只要中止讲课，这些逆反心理或行为就会消失，情感就会回归到原来的水平上。

可见,对"飞镖效应"应有一个正确的认识,只有这样,才能有效地防止它的消极作用。具体我们应注意下列几点:

第一,教师要坚决杜绝"不说倒还好,越说越不听"的事情。

第二,教师讲课或讲话都要注意时机和场合的特殊性,不干那种"时机不合"的事情。

第三,即使发生了情绪逆反的情况,我们也不必惊慌,更不能大发雷霆。因为惊慌无济于事,学生不会因此而怜悯;大发雷霆,只能是火上加油,断绝情绪回归的道路。因此,我们不妨在情绪回归道路的最远点等着,以观察是否有不利于使其进入回归的道路的因素,以便及时消除。因此,如果确认情绪的飞镖已折返,并飞行在回归的道路上,那么,我们完全不必从旁助以推力,使其加速,还是让情感的回归呈现为自然的态势为好。

038 鸟笼效应

人最难摆脱的是无谓的烦恼。1907 年,近代杰出的心理学家詹姆斯从哈佛大学退休。同时退休的还有他的好友物理学家卡尔森。一天,两人打赌。詹姆斯说:老伙计,我一定会让你不久就养上一只鸟。

卡尔森笑着摇头:我不信!因为我从来就没想过养一只鸟。没过几天,恰逢卡尔森生日,詹姆斯送上了礼物——一只精致的鸟笼。卡尔森笑纳了:我只当它是一件漂亮的工艺品。从此以后,只要客人到访,看见书桌旁那只空荡荡的鸟笼,他们几乎都会无一例外地问:教授,你养的鸟什么时候死了?卡尔森只好一次次向客人解释:我从来就没有养过鸟。

然而,这种回答每每换来的却是客人困惑甚至有些不信任的目光。

最后,出于无奈,卡尔森教授只好买了一只鸟,詹姆斯的"鸟笼效应"奏效了。人最难摆脱的是无谓的烦恼。许多人不正是先在自己的心里挂上一只笼子或张开一只袋囊,然后再不由自主地朝其中填满一些东西吗?

039 鲶鱼效应

沙丁鱼捕捞后如果没有刺激和活动，就会很快地死去，挪威渔民每次从海上归来，为了不使鱼在途中死去，都在鱼舱里放几条鲶鱼，以挑起它们和沙丁鱼之间的摩擦和争端，使大量的沙丁鱼在紧张中不断地游动，其结果不但避免了沙丁鱼因窒息而死亡，而且还能保证它们一条条活蹦乱跳地抵达港口。这种现象后来被人们称之为"鲶鱼效应"。

它给我们的启示是：第一，在适度的紧张中才能更好地发挥能力。因此，班主任要给学生创造一个适度的紧张氛围，并引导学生在紧张中学会适应。当然，我们也不否认过度的紧张应该避免，以防止对学生身心造成不可逆转的伤害。第二，要充分利用好班级中的"鲶鱼"，班级中常常有这样一些学生，这些学生学习成绩一般，但"能量"很大，特别活跃,在学生中有一定的号召力,他们在一定程度上影响着班级的纪律和学习。如果不好好发挥他们的主观能动性,则常常会起相反的作用。在班干部的设置上若能将这些人提拔到适当的领导岗位,就会产生"鲶鱼效应",班级活动容易开展,班集体建设更为顺利。

040 摩西奶奶效应

美国艺术家摩西奶奶，至暮年才发现自己有惊人的艺术天才，75岁开始学画，80岁举行首次个人画展。"摩西奶奶效应"告诉我们，一个人如果不去挖掘自己的潜在能力，它就会自行泯灭。在教学的过程中，教师首先要做的是帮助学生正确地认识自己，引导学生坦然地面对学习中出现的各种问题。正像格拉宁所说："如果每个人都能知道自己干什么，那么生活会变得多么好！因为每个人的能力都比他自己感觉到的大得多。"

摩西奶奶，1953年

我们的教育对象是有无限发展潜力的学生，充分发掘他们的潜力，培养他们的创新能力，使他们产生"摩西奶奶效应"，学生的潜能就能得到巨大的发挥。

041 多看效应

在许多人眼中,喜新厌旧是人的天性。然而,事实果真是如此吗? 20世纪 60 年代,心理学家查荣茨做过试验:先向被试出示一些照片,有的出现了 20 多次,有的出现了 10 多次,有的只出现一两次,然后请被试评价对照片的喜爱程度,结果发现,被试更喜欢那些看过 20 多次的熟悉的照片,即看的次数增加了喜欢的程度。

这种对越熟悉的东西就越喜欢的现象,心理学上称为"多看效应"。在人际交往中,如果你细心观察就会发现,那些人缘很好的人,往往将多看效应发挥得淋漓尽致:他们善于制造双方接触的机会,以提高彼此间

的熟悉度，然后互相产生更强的吸引力。

人际吸引难道真的是如此的简单？有社会心理学的实验做佐证：在一所大学的女生宿舍楼里，心理学家随机找了几个寝室，发给她们不同口味的饮料，然后要求这几个寝室的女生，可以以品尝饮料为理由，在这些寝室间互相走动，但见面时不得交谈。一段时间后，心理学家评估她们之间的熟悉和喜欢的程度，结果发现：见面的次数越多，互相喜欢的程度越大；见面的次数越少或根本没有，互相喜欢的程度也较低。

可见，若想增强人际吸引，就要留心提高自己在别人面前的熟悉程度，这样可以增加别人喜欢你的程度。因此，一个自我封闭的人，或是一个面对他人就逃避和退缩的人，由于不易让人亲近而令人费解，也就不太会讨人喜欢。

当然，"多看效应"发挥作用的前提，是首因效应要好，若给人的第一印象很差，则见面越多就越讨人厌，"多看效应"反而起了反作用。

042 贴标签效应

心理学家认为，一个人被贴上某种标签时，就会做出自我印象管理，使自己的行为与所贴的标签内容保持一致，这就是"贴标签效应"。之所以出现这种现象，是因为标签具有定性导向的作用。无论勇敢还是怯懦，善良还是凶恶，优秀还是平庸，它们对一个人个性意识的自我认同都有强烈的影响作用。你给某个人贴了一个标签，就会驱使他向着标签的内容所指的方向发展。

"贴标签效应"在家庭教育中意义非凡,父母应该充分认识到这一点,并加以有效运用。很多父母缺乏耐心,看到孩子没有做好作业,或者考试成绩徘徊不前,就不禁对孩子大吼:"笨蛋!""蠢货!""傻瓜!""你怎么这么笨!""题目这么简单,你都做错!"孩子经常处于父母的谩骂中,时间一长,会有什么样的结果呢? 可能孩子也默认了父母贴给自己的标签,干脆破罐子破摔,真的成为父母口中所骂的"笨蛋""傻瓜"等。

　　优秀的父母明白"贴标签效应"的重要性,他们教育孩子时,给孩子贴上的标签多是正面的,能起到很好的激励作用。称职的父母绝对不会对孩子责骂和抱怨,也不会嘲笑和侮辱,更不会威胁和体罚。他们经常对孩子说:"宝贝,你真聪明!""虽然这次没有考好,但是我想下一次你不会辜负我的希望!""我相信你肯定行!""你一点都不笨,只是需要时间去努力!""你是世界上最可爱的孩子!""我为你自豪!"经常处于父母的表扬、激励和称赞之中,这样的孩子就会产生积极的心态,努力向着父母指定的方向发展。久而久之,这样的孩子就是品学兼优的好孩子。

043 定型效应

所谓"定型",是指在人们头脑中存在的,关于某一类人的固定形象。人的头脑中的定型多得数不胜数:不同年龄、不同职业、不同社会地位、不同籍贯、不同民族、不同性别的人,在人们头脑中都有一个固定形象。如知识分子是戴着眼镜、面色苍白的"白面书生"形象;农民是粗手大脚、质朴安分的形象;山东人常被认为豪爽、正直且能吃苦耐劳;等等。

"定型效应",亦称"社会刻板印象",指的是人们在见到他人时,常常会自觉地根据人的外表行为特征,结合自己头脑中的定型,对人进行归类,以此来评价一个人,如见到一个肌肉发达、身材高大、穿着运动服的人,就很自然地认为他必定是一个运动员。

人头脑中存在的定型是人们以往经验的反映,但由于在各类人当中广泛存在着的差异性及社会发展变化的影响,同一类人的形象不可能是一样的,也不可能是固定不变的,即使是同一个人,在不同的时期和不同的环境下也会发生语言、行为甚至性格等方面的变化,此所谓"士别三日,当刮目相看"。例如,摆脱贫困走上了富裕之路的农民的形象,与过去相比,就有着天壤之别。所以,以不变的固定形象为依据去认识千差万别,不断变化着的人们及其行为方式,显然会使我们的认识出现偏差,导致做出错误的判断和决策。

南此可见,"定型效应"也是一种使人产生偏见的社会心理效应。领导者和管理工作者必须在实际生活和工作中自觉克服这一效应给我们带来的消极影响,力求历史地、全面地、正确地认识我们周围的人和事,减少判断和决策的失误。

044 态度效应

有关心理学和动物学专家做过一个有趣的对比实验:在两间墙壁镶嵌着许多镜子的房间里,分别放进两只猩猩。一只猩猩性情温顺,它刚进到房间里,就高兴地看到镜子里面有许多"同伴"对自己的到来都报以友善的态度,于是它就很快地和这个新的"群体"打成一片,奔跑嬉戏,彼此和睦相处,关系十分融洽。直到三天后,当它被实验人员牵出房间时还恋恋不舍。另一只猩猩则性格暴烈,它从进入房间的那一刻起,就被镜子里面的"同类"那凶恶的态度激怒了,于是它就与这个新的"群体"进行无休止的追逐和厮斗。三天后,它是被实验人员拖出房间的,因为这只性格暴烈的猩猩早已因气急败坏、心力交瘁而死亡。

这世界就像一面镜子

面对正在成长中的儿童,教师要真诚地热爱和关心孩子,要时时对他们报以友善、和蔼可亲的态度,因为教师的态度会成为孩子从镜子里看到的态度,会激发出孩子成倍友善、和蔼可亲的态度回应教师,教师友善、和蔼可亲的态度和儿童回应的态度共同营养双方的精神,温暖双方的心房,保健双方的心灵。

045 羊群效应

"羊群效应"是指人们经常受到多数人影响,而跟从大众的思想或行为,也被称为"从众效应"。人们会追随大众所同意的,自己并不会思考事件的意义。"羊群效应"是诉诸群众谬误的基础。经济学里经常用"羊群效应"来描述经济个体的从众跟风心理。羊群是一种很散乱的组织,平时在一起也是盲目地左冲右撞,但一旦有一只头羊动起来,其他的羊也会不假思索地一哄而上,全然不顾前面可能有狼或者不远处有更好的草。因此,"羊群效应"就是比喻人都有一种从众心理,从众心理很容易导致盲从,而盲从往往会陷入骗局或遭到失败。

【松毛虫实验】

法国科学家让·亨利·法布尔曾经做过一个松毛虫实验。他把若干松毛虫放在一只花盆的边缘,使其首尾相接成一圈,在花盆的不远处,又撒了一些松毛虫喜欢吃的松叶,松毛虫开始一个跟一个绕着花盆一圈又一圈地走。这一走就是七天七夜,饥饿劳累的松毛虫尽数死去。而可悲的是,只要其中任何一只稍微改变路线就能吃到嘴边的松叶。

社会心理学家研究发现,影响从众的最重要的因素是持某种意见的人数多少,而不是这个意见本身。人多本身就有说服力,很少有人会在众口一词的情况下还坚持自己的不同意见。"群众的眼睛是雪亮的""木秀于林,风必摧之""出头的椽子先烂"这些教条紧紧束缚了我们的行动。20 世纪末期,网络经济一路飙升,".com"公司遍地开花,所有的投资家都在跑马圈地卖概念,IT 业的 CEO 们在比赛烧钱,烧多少,股票就能涨多少,于是,越来越多的人义无反顾地往前冲。

2001年,一朝泡沫破灭,浮华尽散,大家这才发现在狂热的市场气氛下,获利的只是领头羊,其余跟风的都成了牺牲者。传媒经常充当"羊群效应"的煽动者,一条传闻经过报纸就会成为公认的事实,一个观点借助电视就能变成民意。游行示威、大选造势、镇压异己等政治权术无不是在借助"羊群效应"。

当然,任何存在的东西总有其合理性,"羊群效应"并不见得就一无是处。这是自然界的优选法则,在信息不对称和预期不确定的条件下,看别人怎么做确实是风险比较低的。"羊群效应"可以产生示范学习作用和聚集协同作用,这对于弱势群体的保护和成长是很有帮助的。

"羊群效应"告诉我们:对他人的信息不可全信也不可不信,凡事要有自己的判断,出奇能制胜,但跟随者也有后发优势,常法无定法!

消费中的"羊群效应"

在日常的消费中,"羊群效应"也表现得尤为明显。许多人,特别是女性喜欢与同性朋友一起结伴购物,因为同性朋友之间的眼光更接近,购物也更加有乐趣。不过,在选择购物的伙伴时,最好挑一些与自己的消费能力同层次的朋友,反之,与消费能力高于自己或低于自己的伙伴一起购物,都会受到"羊群效应"的影响,情不自禁地做出不符合自己消费习惯的非理性行为。

在消费的过程中,伙伴的示范作用也会对你的消费产生不小的刺激。年轻人的收入虽然差不多,但是个人的实际情况并不相同,比如单身人士可以过上无忧消费的"月光族"生活,而已经建立家庭的却要应对房贷和生活中的柴米油盐。因此尽管名义收入相当,两种人可以供支配的收入却是不一样的,这也就决定了他们消费能力的不同。对于普通人来说,爱攀比、好面子、趋同是社会交往中不可避免的"小毛病",从个人的心理层面出发也很难简单地克服这样的问题，因此要想避免非理性消费的产生，最简单的方法就是与"羊群效应"绝缘，尽量选择与自己的消费能力相当的伙伴和朋友共同购物，而避免与消费能力高于或是低于自己的人一起搭伴而行，以消除非理性购物。

046 延迟满足效应

发展心理学研究中有一个经典的实验,称为"延迟满足"实验。实验者发给4岁被试儿童每人一颗好吃的软糖,同时告诉孩子们:如果马上吃,只能吃一颗;如果等20分钟后再吃,就给吃两颗。有的孩子急不可待,把糖马上吃掉了;而另一些孩子则耐住性子、闭上眼睛或头枕双臂做睡觉状,也有的孩子用自言自语或唱歌来转移注意力消磨时光以克制自己的欲望,从而获得了更丰厚的报酬。研究人员进行了跟踪观察,发现那些以坚韧的毅力获得两颗软糖的孩子,长到上中学时表现出较强的适应性、自信心和独立自主精神;而那些经不住软糖诱惑的孩子则往往屈服于压力而逃避挑战。在后来几十年的跟踪观察中,也证明那些有耐心等待吃两块糖果的孩子,事业上更容易获得成功。实验证明:自我控制能力是个体在没有外界监督的情况下,适当地控制、调节自己的行为,抑制冲动,抵制诱惑,延迟满足,坚持不懈地保证目标实现的一种综合能力。

运用"延迟满足效应"要注意技巧:

技巧一:延迟从一分钟开始

培养孩子的自我控制能力,要遵循小步递进的原则。也就是说,不要期望孩子一开始就能等待20分钟。只要孩子能等上一小段时间,而且在等待的时间里不哭不闹,就是在自我控制了。最初的延迟时间不要过长,否则会让孩子灰心丧气,放弃追求的目标和信心。

技巧二:等待时不要过分关注

延迟满足是一种自律行为,可是孩子还小,往往需要通过他律才能做到延迟满足。随着年龄的增长,也可以让孩子尝试自我监督。孩子在等待时,爸爸妈妈可以做自己的事,不要让孩子感觉正在看着他。

技巧三:采用代币法来延迟满足

代币法也是延迟满足的好方法之一。等孩子年龄稍大一点时,爸爸妈妈可以和孩子约定,如果买新玩具,要用平时积累起来的"五角星"来进行交换。"五角星"是平时孩子表现好的时候获得的"奖励"。一般在孩子积累到 5 次或 10 次后就可以满足自己的需要。孩子每次获得"奖励"的过程就是一种等待。爸爸妈妈每次给予奖励的标准一定要统一,不能失去原则性。

047 紫格尼克效应

你不妨试一下：一笔画个圆圈，在交接处有意留出一小段空白。回头再瞧一下这个圆吧，此刻你脑子里必定会闪现出要填补这段空白弧形的意念。因为你总有一种出于未完成感的心态，竭力寻求终结途径，以获得心理上的满足。

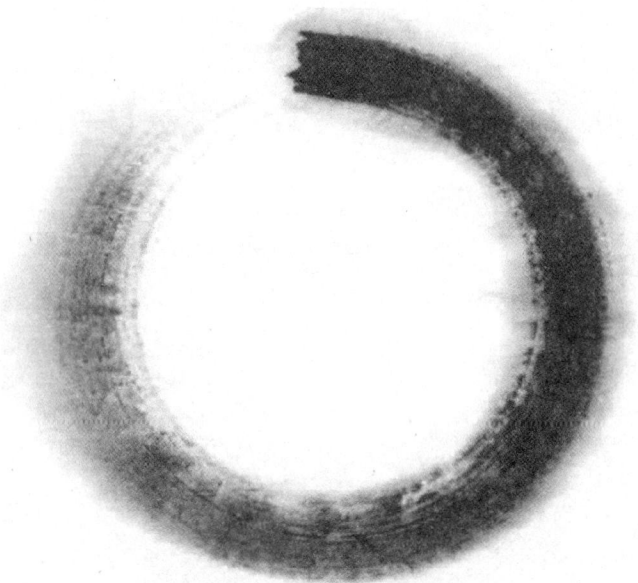

有一位叫布鲁玛·紫格尼克的心理学家，她给 128 个孩子布置了一系列作业，她让孩子们完成一部分作业，另一部分则令其中途停顿。一小时后测试结果。110 个孩子对中途停顿的作业记忆犹新。紫格尼克的结论是：人们对业已完成的工作较为健忘，因为"完成欲"已经得到满足，而对未完成的工作则在脑海里萦绕不已。这就是所谓的"紫格尼克效应"。

　　"紫格尼克效应"的心理机制是什么呢？被誉为现代社会心理学之父的德国心理学家勒温认为，人类有一种自然倾向去完成一个行为单位，如去解答一个谜语，学习一本书等，这就叫"心理张力"。研究还指出，任何人都企图满足自己的需要，完成动作。其中既有先天的需要（饥、渴等），也有半需要（迫切的趋向）。在勒温看来，个人能动性的源泉是多元的，形形色色的。被唤起但未得到满足的心理需要产生一个张力系统，决定着个人行为的倾向、心理的基调和特点。如果中断了满足需要的过程或解决某项任务的进程而产生了张力系统，就可以使一个人采取达到目标的行动。勒温认为，没有完成的任务使得没有解决的张力系统永远存在，当任务完成之后，与之并存的张力系统也将随之消失。由此可见，一个人的"心理张力"系统，是产生"紫格尼克效应"的心理机制。

048 责任分散效应

人们把众多的旁观者见死不救的现象称为"责任分散效应"。

对于"责任分散效应"形成的原因，心理学家进行了大量的实验和调查，结果发现：这种现象不能仅仅说是众人冷酷无情的表现。因为在不同的场合，人们的援助行为确实是不同的。当一个人遇到紧急情况

时，如果只有他一个人能提供帮助，他会清醒地意识到自己的责任，对受难者给予帮助。如果他见死不救会产生罪恶感、内疚感，这需要付出很高的心理代价。而如果有许多人在场的话，帮助求助者的责任就由大家来分担，造成责任分散，每个人分担的责任很少，旁观者甚至可能连他自己的那一份责任也意识不到，从而产生一种"我不去救，由别人去救"的心理，造成"集体冷漠"的局面。如何打破这种局面，这是心理学家正在研究的一个重要课题。

049 乐队花车效应

人类经常会有一种倾向,去从事或相信其他多数人从事或相信的东西,就是所谓的"乐队花车效应"。为了不让自己在社会中孤立,所以社会个体常常不经思考就选择与大多数人相同的选择,而这种"乐队花车效应"就是乐队花车谬误及乐队花车宣传法的基础。

乐队花车直接翻译自英文的 bandwagon,也就是在花车大游行中搭载乐队的花车。参加者只要跳上了这台乐队花车,就能够轻松地享受游行中的音乐,又不用走路,也因此,英文中的"jumping on the bandwagon"(跳上乐队花车)就代表了"进入主流"。

在选举当中经常可以看到"乐队花车效应",例如许多选民喜欢将票投给他自己认为(或媒体宣称)比较容易获胜的候选人或政党,而非自己喜欢的,借此提高自己与赢家站在同一边的机会。

乐队花车谬误:从"乐队花车效应"衍生出乐队花车谬误,又常称为"诉诸大众的谬误"或"从众谬误",也就是将许多人或所有人所相信的事情视为真实,例如"大家都这么说,一定不会错"!

但许多事实证明,多数或所有人相信的事情,在当下或经过时间的演进,并不一定是对的事情。例如在 18 世纪,美国绝大多数人都认为这个世界上可以有奴隶存在,但在今日美国有这样想法的人已经很少了。或是有人可以宣称"因为有那么多人吸烟,所以吸烟是健康的",但事实上医学证明吸烟有害健康,所以应该说:"吸烟有害健康,虽然有那么多人吸烟。"

乐队花车宣传法:建构于乐队花车谬误的宣传手法则是常见的乐队

花车宣传法,宣传者营造出一种"加入我们,否则就是与大家作对"的气氛,要求阅听人接受某种仿佛大家都接受的想法。乐队花车法也暗示阅听人:"宁可与胜利者站在同一边,而不要太去计较是非!"

乐队花车也常常与其他的手法合并使用,例如在广告中经常可以看到类似"每五个医师中就有四个推荐某种牌子的口香糖……"的文案,这种文案同时利用了乐队花车及"诉诸权威"两种宣传手法。

050 心理摆效应

人的感情在受外界刺激的影响下,具有多度性和两极性的特点。每一种情感具有不同的等级,还有着与之相对立的情感状态,如爱与恨、欢乐与忧愁等。"心理摆规律"就是指在特定背景的心理活动过程中,感情的等级越高,呈现的"心理斜坡"就越大,因此也就很容易向相反的情绪状态进行转化,即如果此刻你感到兴奋无比,那相反的心理状态极有可能在另一时刻不可避免地出现。

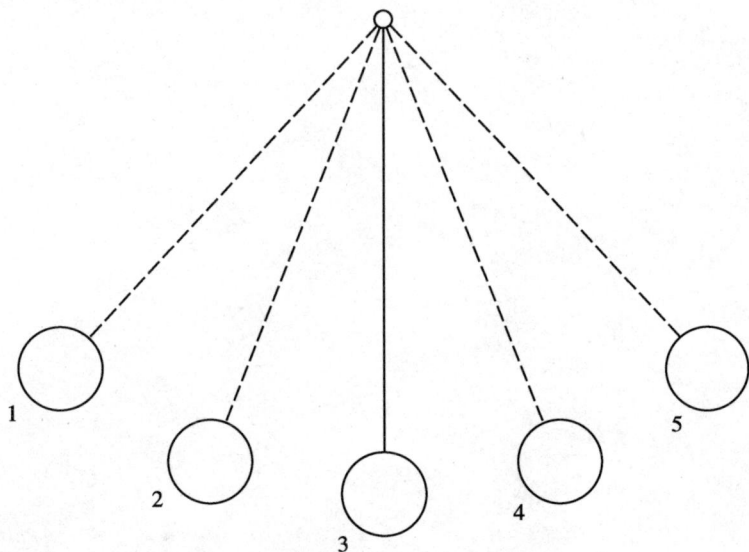

克服这种"心理摆效应"的方法:

1. 要消除一些思想上的偏差。人生不能总是高潮,生活也不可能永远是诗。人生有聚有散,生活有乐也有苦。有些人由于希望永远生活在激情、浪漫、刺激等理想的境界之中,因而对缺乏上述因素的平凡生活状态总是心存排斥之意,他们的心境自然也就会因生活场景的变化而大起大落。

2. 人们应该学会体验各种生活状态的不同乐趣。既能在激荡人心的活动中体验着激情的热烈奔放,又能在平淡如水的日常生活中享受悠然自得的生活情趣。唯有如此,自己才能在生活场景发生较大转换时,避免心理上产生巨大的失落感和消极的情绪。

3. 要加强理智对情绪的调控作用。人在让自己快乐兴奋的生活时空中,应该保持适度的冷静和清醒。而当自己转入情绪的低谷时,要尽量避免不停地对比和回顾自己情绪高潮时的激动画面,隔绝有关刺激源,把注意力转入到一些能平和自己心境或振奋自己精神的事情和活动当中去。

051 武器效应

著名社会心理学家伯克维茨1978年提出了影响深远的关于侵犯的"武器效应"理论。他认为，人的挫折并不直接导致侵犯，正如考试失败，并不一定会导致侵犯他人。挫折主要导致产生侵犯行为的情绪准备状态——愤怒。

侵犯行为的发生，还要依赖情境侵犯线索的影响。与侵犯有关的刺激倾向于使侵犯行为得到增强。

为了检验以上假设的合理性，他们精心设计了一个实验。

伯克维茨先让实验助手故意制造挫折情境，激怒被试，然后，实验安排一个机会，让被试可以对激怒自己的假被试实施电击。

电击时有两种情境：一种是可以看到桌子上放着一只左轮手枪，一种是只看到一只羽毛球拍。

实验结果与研究者的假设是相符的,即被激怒的被试看到手枪时,比看到羽毛球拍时实施了更多的电击。手枪增强了人们侵犯的行为。后来,人们将武器增强侵犯行为的现象称为"武器效应"。

这个实验告诉人们,社会暴力事件与环境中存在着刺激暴力事件的"武器"有关。正如伯克维茨所说的:"枪支不仅仅使暴力成为可能,也刺激了暴力。手指扣动扳机,扳机也带动手指。"

052 系列位置效应

1962 年，加拿大学者默多克给被试呈现一系列无关联的词，如"肥皂、氧、枫树、蜘蛛、雏菊、啤酒、舞蹈、雪茄烟、火星"等，请被试按照一定顺序学习这些词，然后让他们进行自由回忆，想到哪个单词就说出哪个单词。结果发现，最先学习的单词和最后学习的单词，其回忆成绩最好，而中间部分的单词回忆成绩最差。据此，心理学家描绘了关于记忆的"系列记忆曲线"（一个 U 形的曲线），并将这种现象称为"系列位置效应"。

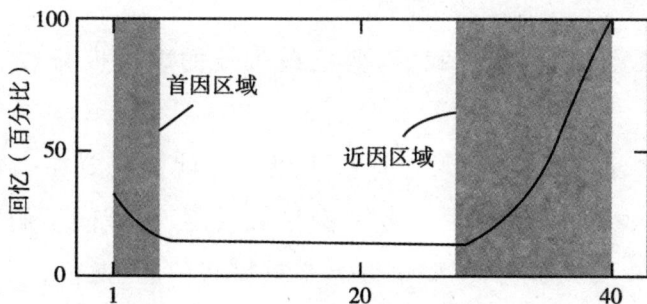

单词表中40个单词的位置

系列位置效应表明，如果学习材料中各部分的位置不同，学习效果就不同。比如，识记一篇文章，开头部分和结尾部分的识记效果就比中间部分要好。这可能是学习材料开始部分受到中间部分的干扰，影响了对开始部分的记忆，这种后面内容对前面内容的干扰叫做倒摄抑制；结尾部分受到中间部分的干扰，影响了对结尾部分的记忆，这种前面内容对后面内容的干扰叫做前摄抑制；中间部分受到开始部分和结尾部分两部分内容的干扰，也就是同时受到了前摄抑制和倒摄抑制，这样就严重影响了对中间部分的记忆，因而，中间部分记忆效果最差。而且，学科之间也会相互抑制，材料性质越相近（如都是数学材料），抑制越严重，不同性质的材料之间（如数学和英语），抑制就会少些。一般地说，该效应在学习的早期阶段最为明显。睡前睡后想一想过去的经历会发现，我们对事、对学习，最清晰的记忆就是事情的开头和结尾、学习内容的开始和末端。读书这么多年，我们一定会发现，清晨起来和晚上临睡前学习，有时竟有过目不忘的神效！读徐志摩的《再别康桥》，开头的"轻轻的我走了，正如我轻轻的来"和结尾的"我挥一挥衣袖，不带走一片云彩"早已烂记于心，中间的诗情画意却总是模模糊糊，不敢背诵出口，因为自己知道一出口肯定会出错的。后来细细品味，慢慢咀嚼，脑子中才有了整篇文章的印象。然而再后来，长时间没有回味后能回想起来的还是《再别康桥》的开头和结尾。

"系列位置效应"告诉我们，要把最重要的事情安排在开头和结尾部分。

"一年之计在于春，一天之计在于晨"，这就是说要在一年的开始和一天的开头做最重要的事情。一个教授做讲座，告诫同学们要在最重要的时间做最重要的事情，不要早晨起来就写信啊、散散步啊，把最好的时光都浪费了。这些话很通俗，但也最真挚，合理利用时间会使你的学习、工作更高效。

世界上没有让我们过目不忘的"记忆丸"，只有在最重要的时刻安排最重要的事情、学习最重要的内容，效率才会更高，才会更有收获。"系列位置效应"告诉我们：

老师在课堂的开始和结尾要讲重要的内容，处理重要的事情。课堂中会发生很多意料之中、意料之外的事情，但要记住，只有最重要的事情才能占据最重要的时间。

学生要重视一节课的开头和结尾。上课前准备好相关的学习用具，不要让上课的前 10 分钟在找练习本的过程中度过，也不要让快下课的 10 分钟在想象课后如何玩耍中度过。

背诵课文、单词时变换开始位置。背诵单词或文章，在正背之后适当地从中间开始背，克服正背时由"系列位置效应"引起的中间部分记忆率低的问题。

每次学习的时间不宜过长。学习时间过长，中间部分就相应增多，学习效率就会下降。

合理安排学习材料的顺序。同一学习材料学习时间不要过长，前后两段时间中学习的材料要不一样，这样可以避免材料之间的相互干扰。

053 瓦拉赫效应

奥托·瓦拉赫是诺贝尔化学奖获得者,他的成才过程极富传奇色彩。瓦拉赫在开始读中学时,父母为他选择的是一条文学之路,不料一个学期下来,老师为他写下了这样的评语:"瓦拉赫很用功,但过分拘泥,这样的人即使有着完善的品德,也绝不可能在文学上发挥出来。"此时,父母只好尊重儿子的意见,让他改学油画。可瓦拉赫既不善于构图,又不会润色,对艺术的理解力也不强,成绩在班上是倒数第一,学校的评语更是令人难以接受:"你是绘画艺术方面的不可造就之才"。面对如此"笨拙"的学生,绝大部分老师认为他已成才无望,只有化学老师认为他做事一丝不苟,具备做好化学实验应有的品格,建议他试学化学。父母接受了化学老师的建议。这下,瓦拉赫智慧的火花一下被点着了。文学艺术的"不可造就之才"一下子就变成了公认的化学方面的"前程远大的高才生"。

瓦拉赫的成功,说明这样一个道理:学生的智能发展都是不均衡的,都有智能的强点和弱点,他们一旦发现自己智能的最佳点,使智能潜力得到充分的发挥,便可取得惊人的成绩。这一现象人们称之为"瓦拉赫效应"。

每位学生都有自身的闪光点,教师平时应多观察,想方设法找到发挥学生潜能的最佳点和学生发展的优势方向,并创造一定的学习条件,就可能点燃孩子的智慧火花。

054 投射效应

"**投**射效应"是指在人际交往中,认知者形成对别人的印象时总是假设他人与自己有相同的倾向,即把自己的特性投射到其他人身上。所谓"以小人之心,度君子之腹",反射的就是这种"投射效应"的一个侧面。

一般说来,投射可分为两种类型:一种是指个人没有意识到自己具有某些特性而把这些特性加到了他人身上。例如:一个对他人有敌意的同学,总感觉到对方对自己怀有仇恨,似乎对方的一举一动都有挑衅的色彩。另一种是指个人意识到自己的某些不称心的特性,而把这些特性加到他人身上。例如:在考场上,想作弊就吃亏了。值得注意的是,这后一种投射往往会把自己某些不称心的特性,投射到自己尊敬的人、崇拜的人身上。其逻辑是,他们有这些特性照样有着光辉的形象,我有这些特性又有何妨。目的是通过这种投射重新估价自己的不称心的特性,以求得心理上的暂时平衡。

在生活中,我们要注意防止心理上产生的偏差,造成我们决策上的失误。从众效应:从众心理为人们普遍具有,一般而言,与青年中的大多数人保持一致的人更易为青年接受。喜欢标新立异、坚持己见的人虽然常常是时代精神的体现者和青年进步的带头人,但是他们的非从众行为要为青年中大多数成员所接受往往需要一个过程。他们在青年中的威信和被人尊重、信任度的提高,是随着过程的发展而逐步增加的,而在过程开始时所获得的感受往往是其反面。

055 多米诺骨牌效应

在一个存在内部联系的体系中,一个很小的初始能量就可能导致一连串的连锁反应。

楚国有个边境城邑叫卑梁,那里的姑娘和吴国边境城邑的姑娘同在边境上采桑叶,她们在做游戏时,吴国的姑娘不小心踩伤了卑梁的姑娘。卑梁的人带着受伤的姑娘去责备吴国人。吴国人出言不恭,卑梁人十分恼火,杀死吴人走了。吴国人去卑梁报复,把那个卑梁人全家都杀了。

卑梁的守邑大夫大怒,说:"吴国人怎么敢攻打我的城邑?"

于是发兵反击吴人,把当地的吴人老幼全都杀死了。

吴王夷昧听到这件事后很生气,派人领兵入侵楚国的边境城邑,攻占以后才离去。吴国和楚国因此发生了大规模的冲突。吴国公子光又率领军队在鸡父和楚国人交战,大败楚军,俘获了楚军的主帅潘子臣、小帷子以及陈国的大夫夏啮,又接着攻打郢都,俘虏了楚平王的夫人回国。

从做游戏踩伤脚,一直到两国爆发大规模的战争,直到吴军攻入郢都,中间一系列的演变过程,似乎有一种无形的力量把事件一步步无可挽回地推入不可收拾的境地。这种现象,我们称之为"多米诺骨牌效应"。

提出"多米诺骨牌效应",还要从我国的宋朝开始说起。

宋宣宗二年(公元 1120 年),民间出现了一种名叫"骨牌"的游戏。这种骨牌游戏在宋高宗时传入宫中,随后迅速在全国盛行。当时的骨牌多由牙骨制成,所以骨牌又有"牙牌"之称,民间则称之为"牌九"。

1849 年 8 月 16 日,一位名叫多米诺的意大利传教士把这种骨牌带回了米兰。作为最珍贵的礼物,他把骨牌送给了小女儿。多米诺为了让更多的人玩上骨牌,制作了大量的木制骨牌,并发明了各种的玩法。不久,木制骨牌就迅速地在意大利及整个欧洲传播,骨牌游戏成了欧洲人的一项高雅运动。

后来,人们为了感谢多米诺给他们带来这么好的一项运动,就把这种骨牌游戏命名为"多米诺"。到19世纪,多米诺已经成为世界性的运动。在非奥运项目中,它是知名度最高、参加人数最多、扩展地域最广的体育运动。

从那以后,"多米诺"成为一种流行用语。在一个相互联系的系统中,一个很小的初始能量就可能产生一连串的连锁反应,人们就把它们称为"多米诺骨牌效应"或"多米诺效应"。

头上掉一根头发,很正常;再掉一根,也不用担心;还掉一根,仍旧不必忧虑……长此以往,一根根头发掉下去,最后秃头出现了。哲学上称这种现象为"秃头论证"。

往一匹健壮的骏马身上放一根稻草,马毫无反应;再添加一根稻草,马还是丝毫没有感觉;又添加一根……一直往马身上添稻草,当最后一根轻飘飘的稻草放到了马身上后,骏马竟不堪重负瘫倒在地。这在社会研究学里,取名为"稻草原理"。

第一根头发的脱落,第一根稻草的出现,都只是无足轻重的变化。但是当这种趋势出现,还只是停留在量变的程度,难以引起人们的重视。只有当它达到某个程度的时候,才会引起外界的注意,但一旦"量变"呈几何级数出现时,灾难性镜头就不可避免地出现了!

"多米诺骨牌效应"告诉我们:一个最小的力量能够引起的或许只是察觉不到的渐变,但是它所引发的却可能是翻天覆地的变化。这有点类似于"蝴蝶效应",但是比"蝴蝶效应"更注重过程的发展与变化。

第一棵树的砍伐,最后导致了森林的消失;一日的荒废,可能是一生荒废的开始;第一场强权战争的出现,可能是使整个世界文明化为灰烬的力量。这些预言或许有些危言耸听,但是在未来我们可能不得不承认它们的准确性,或许我们唯一难以预见的是从第一块骨牌到最后一块骨牌的传递过程会有多久。

有些可预见的事件最终出现要经过一个世纪或者两个世纪的漫长时间,但它的变化已经从我们没有注意到的地方开始了。

056 通感效应

“**通**感效应”是指艺术创作与鉴赏活动中,各种感觉相互渗透或者挪移的心理现象,将听觉转化为视觉与触觉。在小学音乐课堂教学中,可以根据音乐的特性把它与之相关的舞蹈、文学、美术及戏剧等艺术形式有机结合,将抽象的听觉艺术转化成更加直观生动的形式,发挥一切意向之间的交错与混合作用,从而让学生更好地理解、表现音乐作品。可以借助视觉、借助语言、借助场景等来发挥“通感效应”。

借助视觉——是指“以图像、画面等方式使音乐成为可观察的形象”。其中卡通片是一种非常典型的音画结合体。故事里的人物诙谐、生动,再辅之以形象、立体的音响效果,便成了孩子们的最爱。在学唱歌曲《井底的小青蛙》前,可以让学生欣赏卡通片《井底之蛙》,学生在体验了声像的完美结合后,那只“单纯”的小青蛙就在脑海中生成了,从而激发了对歌曲学习的无限兴趣。(如利用多媒体教学设备将带给学生更真实的体验。)

借助语言——指的是“以语言文字描述表达音乐作品的内容情节”。比如在歌曲《春天里》的歌唱教学前,可以以这首乐曲为背景音乐,缓缓道来:“当春天的阳光照耀在大地上,万物便宣告了它的苏醒。你看几只不知名的鸟儿正悠然自得地飞来,它们左顾右盼,蹦跳雀跃,似乎在欢迎春天的来临。远处的花儿竞相开放,树芽也悄悄地探出了它的脑袋……”学生便如痴如醉地进入到了春天的世界,使他们对歌曲所表现的情景有了深刻的理解。

借助场景——是指“像戏剧舞台一样,用简单的道具和人物造型创设故事场景"。比如在欣赏乐曲《在钟表店里》时，可以在墙上贴上各种各样的钟表图，有些指针甚至是可以活动的，一旦配上了《在钟表店里》的音乐，学生便有了身临其境的感觉。这是非常实用的一种形式，能更容易地使学生进入角色。

057 热手效应

如果篮球队员投篮连续命中,球迷一般都相信球员"手感好",下次投篮还会得分。在轮盘游戏中,赌徒往往认定其中的红黑两色会交替出现,如果之前红色出现过多,下次更可能出现黑色。可是,直觉未必是靠得住的,事实上,第一次投篮和第二次投篮是否命中没有任何联系。转动一回轮盘,红色和黑色出现的机会也总是0.5。

就像受"热手效应"误导的球迷或受"赌徒谬误"左右的赌徒,投资者预测股价受到之前价格信息的影响,用直觉代替理性分析,产生所谓的"启发式心理"。举个例子,一家制药公司的股价长期上扬,在初期,投资者可能表现为"热手效应",认为股价的走势会持续,"买涨不买跌";可一旦股价一直高位上扬,投资者又担心上涨空间越来越小,价格走势会"反转",所以卖出的倾向增强,产生"赌徒谬误"。"热手效应"与"赌徒谬误"都来自人们心理学上的认知偏差,即认为一系列事件的结果都在某种程度上隐含了自相关的关系。由南京大学商学院的林树、复旦大学管理学院和清华大学公共管理学院的俞乔、汤震宇、周建四位学者组成的团队，利用心理学实验的方法研究了中国的个体投资者在面对过去股价信息时的交易行为与心理预期。林树、俞乔等发表在《经济研究》8 月号，题为《投资者"热手效应"与"赌徒谬误"的心理实验研究》的文章中写道，"在中国资本市场上具有较高教育程度的个人投资者或潜在个人投资者中，'赌徒谬误'效应对股价序列变化的作用均要强于'热手效应'，占据支配地位"，也就是说，无论股价连续上涨还是下跌，投资者更愿意相信价格走势会逆向反转。根据这一发现，研究认为"在中国股票市场处于中长期'熊市'时，较高知识水平的个体投资者存在预期市场回升的基本心理动力"。

058 睡眠效应

邮递销售或上门销售中有这样一项保护消费者的制度，即使是已签订的买卖合同，只要超过了一定期限就会自动失效。这个制度被称为"冷却制"（Cooling off）。这里的"Cooling"是指从一开始认为"很好"到后来可能认为不怎么样的这段冷却期。反过来，起初认为"没有什么好处"的坏印象也可能由于时间的流逝而消失，继而产生好印象。心理学称这种现象为"睡眠效应"。比如谈判陷入僵局即将破裂时，提出"先吃午饭，等吃完后再做决定吧"，让双方有一段冷静思考的时间。等重新开始谈判时，进展会异常顺利。谈判达到高潮时或刚刚进行劝说后，给予对方一段思考的时间，会收到良好的效果。因为劝说者与劝说内容的暂时分离会增加信息的可信度，使对方作出冷静的判断。

059 阿伦森效应

“**阿**伦森效应”是指人们最喜欢那些对自己的喜欢、奖励、赞扬不断增加的人或物,最不喜欢那些对自己的喜欢、奖励、赞扬不断减少的人或物。

【实验】分4组人对某一人给予不同的评价,借以观察某人对哪一组最具好感。第一组始终对之褒扬有加,第二组始终对之贬损否定,第三组先褒后贬,第四组先贬后褒。

【结果】此实验对数十人进行过后,发现绝大部分人对第四组最具好感,而对第三组最为反感。

【应用】“阿伦森效应”提醒人们,在日常工作与生活中,应该尽力避免由于自己的表现不当所造成的他人对自己印象不良方向的逆转。同样,它也提醒我们在形成对别人的印象过程中,要避免受它的影响而形成错误的态度。

【实例】

1. 有效利用

在宿舍楼的后面,停放着一部烂汽车,大院里的孩子们每当晚上7点时,便攀上车厢蹦跳,嘭嘭之声震耳欲聋,大人们越管,众孩童蹦得越欢,见者无奈。这天,一个人对孩子们说:“小朋友们,今天我们比赛,蹦得最响的奖玩具手枪一支。”众童呜呼雀跃,争相蹦跳,优者果然得奖。次日,这位朋友又来到车前,说:“今天继续比赛,奖品为两粒奶糖。”众童见奖品直线下跌,纷纷不悦,无人卖力蹦跳,声音稀疏而弱小。第三天,朋友又对孩子们说:“今日奖品为花生米两粒。”众童纷纷跳下汽车,皆说:“不蹦了,不蹦了,真没意思,回家看电视了。"

分析:"正面难攻"的情况下,采用"奖励递减法"可起到奇妙的心理效应。

2. 反例

小刚大学毕业后分到一个单位工作,刚一进单位,他决心好好地表现一番,以给领导和同事们留下非常好的第一印象。于是,他每天提前到单位打水扫地,节假日主动要求加班,领导布置的任务有些他明明有很大的困难,也硬着头皮一概承揽下来。

本来,刚刚走上工作岗位的青年人积极表现一下自我是无可厚非的。但问题是小刚此时的表现与其真正的思想觉悟、为人处世的一贯态度和行为模式相差甚远,夹杂着"过分表演"的成分。因而就难以有长久的坚持性。没过多久,小刚水也不打了,地也不拖了,还经常迟到,对领导布置的任务更是挑肥拣瘦。结果,领导和同事们对他的印象由好转坏,甚至比那些刚开始来的时候表现不佳的青年所持的印象还不好。因为大家对他已有了一个"高期待、高标准",另外,大家认为他刚开始的积极表现是"装假",而"诚实"是我们社会评定一个人所运用的"核心品质"。

060 泡菜效应

同样的蔬菜在不同的水中浸泡一段时间后,将它们分开煮,其味道是不一样的。人在不同的环境里,由于长期的耳濡目染,其性格、气质、素质和思维的方式等方面都会有明显的差别,这正如人们常说的"近朱者赤,近墨者黑"。"泡菜效应"揭示了"人是环境之子"的道理,环境对人的成长具有不可抗拒的影响。人在幼年时期对环境的影响更为敏感,染苍则苍,染黄则黄。"出淤泥而不染"是对某些成人而言的,却不符合儿童的实际。

"泡菜效应"给我们的启示是:幼儿直接浸泡在幼儿园与家庭的环境之中,每一位老师和父母是否认真细致地考虑过孩子所处环境的各种因素是否健康?每一种因素将对幼儿产生怎样的作用?对显在的有害因素是否予以了积极的消除或控制?从心理健康角度看,精神环境对孩子的影响作用往往超过了物质环境的作用,老师与父母为孩子营造了怎样的精神环境?是否是多支持、多鼓励、多表扬、多肯定、多欣赏、多自由、多自主、多选择的精神环境?

061 晕轮效应

如果一个人在某一方面被标明是好的,他就会被一种积极和肯定的光环所笼罩,并被赋予一切良好的品质;如果一个人在某一方面被标明是坏的,他就会被一种消极否定的阴霾所覆盖,并被认为具有各种坏品质。这就是"晕轮效应"。在日常社交与生活中,人们对他人的认知和判断往往都会这样以偏概全。

有句俗话说:"人不可貌相,海水不可斗量。"所以,以貌取人是非常不明智的做法。虽然这个道理大家都懂,但想要真正做到并不容易。也就是说,大多数人无论理智上怎样认为,在对别人的判断上都或多或少要受到对方外貌的影响。从心理学角度来看,这是因为"晕轮效应"在发挥作用。

"晕轮效应"最早是由美国著名心理学家爱德华·桑戴克于20世纪20年代提出的。他认为,人们对人的认知和判断往往只从局部出发,进而得出整体印象,也即常常以偏概全。

心理学家戴恩做过这样一个实验:

他让实验参加者看一些照片,照片上的人有的很有魅力,有的没有什么魅力,有的介于两者之间;然后让实验参加者用与魅力无关的品质特征去评定这些人。结果表明,实验参加者对有魅力的人比对无魅力的人赋予了更多理想的人格特征,如和蔼、沉着、好交际等。

"晕轮效应"不仅常表现在以貌取人上,而且还常表现在以服装定位地位、性格,以初次言谈定位人的才能与品德等方面,在对不太熟悉的人进行评价时,这种效应体现得尤为明显。

从认知角度讲,"晕轮效应"仅仅抓住并根据事物的个别特征而对事物的本质或全部特征下结论,是很片面的。因此,在人际交往中,我们应该注意告诫自己不要被别人的"晕轮效应"所影响,不要陷入"晕轮效应"的误区。

不过,反过来说,如果我们想要快速获得他人,特别是不太熟识的人的认可和赞誉,就没有必要面面俱到,而只需要在某一方面表现突出,从而让对方对你另眼相看,这样就能让对方相信你其他方面的能力也不会很弱。

062 培哥效应

在有些电视节目中,曾有人做过所谓奇特的记忆表演。一般都是在舞台上立一块黑板,然后随意让观众说出一些词语、数字、节目名称、公式、外语单词等等,并按顺序写在黑板上。表演者在这一过程中不看黑板,但他却能根据观众的要求准确地讲出其中的任意一项内容,甚至还能把全部内容倒背出来。

这种表演看起来十分神奇,其实只不过是运用了培哥记忆术,产生了"培哥效应"罢了。这种方法实际上并不难,它是自创一套记忆编码,比如,①——帽子,②——眼镜,③——围巾,④——衣服,⑤——腰带,⑥——裤子……并熟练地记下来,然后通过联想与要记的材料相连接。比如要求你记住这样几个词:①大象,②打气,③洗澡,④电风扇,⑤自行车,⑥水……这样你就可以把大象与固定编码的第一号帽子联系起来,联想到大象的鼻子上戴了一顶帽子。要记住第六个词"水"时,把它与裤子产生联想——水把裤子弄湿了。

通过这样的编码联想,记起来就不困难了。因为在联想时,我们有意识地把联想的事物放大,表象清晰而奇特。例如要记住第四个词——电风扇与衣服发生联想时,如果想象成电风扇吹开了衣服就很一般,但如果想象成电风扇穿了一件羽绒服,就非常奇特,这就更便于记住这一对象。

在学习过程中我们掌握了这种方法,就可以避免记忆的枯燥单调,使其妙趣横生了。当然,这种方法的掌握不是一朝一夕的事,它需要我们去经常锻炼,并尽可能地使自己的联想奇特醒目,非同一般。

063 齐加尼克效应

法国心理学家齐加尼克曾经做过一个实验:将一批学生分成两组,让他们同时完成20项工作。结果一组顺利完成了任务,而另一组却未完成。试验表明,虽然受训者在接受任务时均呈现出一种紧张状态,但顺利完成任务者,其紧张情绪逐渐消失,而未完成任务者,紧张情绪却持续存在,且呈加剧倾向。后一种现象被称为"齐加尼克效应"。这种效应启示我们:学习负担重,学生长期处于紧张状态,学习效果就会越来越差。作为班主任,必须重视这一效应,采取有效措施,一是不要对学生提出过多、过高的要求;二是班主任要设法帮助学生按时完成任务,以适当缓解学生的紧张情绪,让学生学得愉快。

在教育教学中也比较容易出现，如果学生长期处于紧张状态，学习效果就会受到影响。因此在教育教学中，教师要学会给学生松绑，尊重学生的个性发展，创设宽松和谐的教学氛围，让学生自由发展；在教学中实施分层次教学，减轻学生负担，使教育教学活动有张有弛；同时要注意对有上进心的同学施加安慰，让他们抬起头来走路。

064 配套效应

18 世纪,法国有个哲学家叫丹尼斯·狄德罗。一天,朋友送他一件质地精良、做工考究、图案高雅的酒红色睡袍,狄德罗非常喜欢。可他穿着华贵的睡袍在家里寻找感觉,总觉得家具风格不对,地毯的针脚也粗得吓人。于是为了与睡袍配套,旧的东西先后更新,书房终于跟上了睡袍的档次,可他却觉得很不舒服,因为"自己居然被一件睡袍胁迫了"。两百年后,美国哈佛大学经济学家朱丽叶·施罗尔在《过度消费的美国人》一书中,把这种现象称为"狄德罗效应",亦可称作为"配套效应",也就是人们在拥有了一件新的物品后不断配置与其相适应的物品以达到心理上平衡的现象。从学生的成长过程看,无论是好的行为还是不良的习惯,都可以找到引起这一行为的一件"睡袍",在这里笔者想提醒班主任,应当多为学生准备几件有价值的"睡袍"。

065 同体效应

"同体效应"，也称"自己人效应"。在人际交往时，人们往往喜欢那些和自己归于同一类型的人，把这些人当成知心的朋友。朋友对"自己人"的话更信赖，更易于接受。所谓"自己人"，就是指那些与自己在性格、认知等方面存在着某些相似或共同之处的人，这种共同之处，既可以是血缘、地缘上的，也可以是志向、兴趣、爱好、利益上的。不难看出，"同体效应"与社会心理学的"喜欢机制"是一脉相承的，人们喜欢那些和他们相似的人。

社会心理学家纽卡姆在1961年曾通过一项实验表明，彼此的态度和价值观越是相似的人，相互之间的吸引力就越大。这种共同之处，就如同一种舒服的黏合剂，会在交往的双方之间生发出认同和好感，自然而然地，在彼此的交往中就会营造出"话儿好说，事儿好办"的良好人际沟通氛围。

"同体效应"在职场的人际交往中是普遍存在的，这可以使我们在最短的时间内取得同事的认同感，从而更好地实现我们与同事交往的预期。我们常说某某员工有亲和力、有感染力，实际上指的就是这个员工很会运用"同体效应"与同事相处。比如，如果两个员工是老乡，那么他们很快就能走到一起，成为好朋友。同样的道理，如果两个员工之间有着共同的爱好、兴趣方向，他们也能很快走到一起。这种共同性就是维系他们两个之间的纽带。善于交往的员工非常擅长使用这种纽带来达到和别人交际的目的，即便他们和对方之间没有明显的共同点，也会想方设法找出一个共同点，从而和对方攀上关系。

"同体效应"在师生关系中也普遍存在。学生把教师归于同一类型的人,是知心朋友。学生对"自己人"的话更信赖,更易于接受。管理心理学中有句名言:"如果你想要人们相信你是对的,并按照你的意见行事,那就首先需要人们喜欢你,否则,你的尝试就会失败。"因此,教师首先要学会把学生当成自己人,做学生的知心朋友,与之处于平等的地位,这样才能提高教师的影响力。

　　"同体效应"的合理运用,能缩短师生间的心理距离,引起师生情感上的共鸣。在学生心目中,教师成了自己人,是知心朋友,于是对教师教的课也就产生了兴趣。若教法得当,学生的成绩自然而然地会逐步提高。

　　说到底,"同体效应"就是在人际交往中缩短彼此之间心理距离的一个良方。通过这种效应,就能在短时间里打破交际双方的心理隔阂,达到交际的顺畅,从而达到交际的目的。在人际交往中,使用好"同体效应"将会给我们的人际交往带来很多好处,否则,人际交往可能会出现生疏、没有共同语言的现象。

066 青蛙效应

十九世纪末,美国康奈尔大学曾进行过一次著名的"青蛙试验":他们将一只青蛙放在煮沸的大锅里,青蛙触电般地立即蹿了出去。后来,他们又把它放在一个装满凉水的大锅里,任其自南游动。然后用小火慢慢加热,青蛙虽然可以感觉到外界温度的变化,却因惰性而没有立即往外跳,直到被煮熟。

经过分析认为,这只青蛙第一次之所以能"逃离险境",是因为它受到了沸水的剧烈刺激,于是便使出全部的力量跳了出来,第二次由于没有明显感觉到刺激,这只青蛙便失去了警惕,然而当它感觉到危机时,已经没有能力从水里逃出来了。

"生于忧患,死于安乐",人生旅途中,逆境使人警醒,激人奋进,安逸消磨意志,尽享舒适,常常一事无成。逆水行舟,不进则退,竞争激烈的社会,在生活和职业上,有危机意识才会带来压力和勤奋上进的动力。

067 三明治效应

人们在批评别人的时候，经常把批评的内容夹在两个表扬之中，就是先表扬，再批评，然后再表扬；受批评者也比较愿意接受表扬—批评—表扬的方式，这种现象就是"三明治效应"。

仔细分析一下，这种现象就像三明治一样，分为三层：第一层是表扬，代表欣赏、认同、肯定对方的优点、长处或积极面；第二层夹杂着建议、批评、指责等观点；第三层代表着支持、帮助、期望、信任、鼓励等正面的观点，让人听了绝对不会垂头丧气、士气低落。这种批评方式不仅保护了受批评者的自尊和自信，还使对方认识到自己的缺点和不足，积极地接受批评，并且下定决心改正错误。

"三明治效应"为何威力十足呢?

首先,三明治的第一层能够消除对方的防卫心态,使受批评者乐于接受批评。一开始就说表扬、赞美的话,会营造出良好的沟通氛围,让对方消除戒备的心理,从而能静下心来进行交谈。这样一来,对方也更容易听进别人的看法和建议。如果你张口就是批评的话,语气严厉,批评直接,那么对方将很难承受。为了保护自己,对方必然会像条件反射一样产生防御反应。一旦他有了防卫的意识,就更难听取别人的批评,即使这种批评是正确的。

其次,三明治的最后一层能消除对方的后顾之忧。有些人经常对别人批评批评再批评,即使批评结束了,受批评者仍然心有余悸,不知道自己是在受批评还是在受惩罚。因此,受批评者经常惴惴不安,担心接下来还会有狂风暴雨。三明治的最后一层是鼓励、希望、信任和支持,相当于给对方吃了一颗定心丸,使受批评者精神振奋,信心倍增。

再次,三明治批评法以对方容易接受的方式指出了问题,给对方留了足够的面子,而且不会留下后遗症。批评不是目的,而是一种手段,我们之所以对人进行批评,是为了让对方改正错误。三明治批评法不但没有伤害对方的自尊,还激发了对方向善的信心,维护了受批评者的积极性。

周某和赵某上班都迟到了半小时。

张经理看到周某迟到了,就说道:"周××,你一向表现得挺不错。最近怎么迟到了三次?你身体不舒服吗?如果有病就要及时去医院治疗。迟到按规定要扣工资的,谁都不能例外,我想你不会无缘无故地迟到。假如你家里有什么事情,你可以跟我打个招呼,我们大家都会帮助你的。周××,你很有前途的,好好干吧!"周某听了张经理的话,既羞愧又感动,以后再也没有迟到。

王经理见到赵某迟到了半个小时，开口说道："赵××，你睁开眼睛看看，现在几点了？我可不管你是什么原因迟到的，迟到就要扣工资！这段时间你已经迟到三次了！你是不是不想干了？不愿意干就走人！"赵某听了王经理的话，觉得很没面子，半个月后真的递交了辞呈。

　　两相对比，我们就能发现三明治批评法的高明，张经理的批评非常可口，更易于接受，而且效果颇佳。因此，在社交场合，我们不妨多发挥"三明治效应"。

068 诱饵效应

心理学把选择中那个可有可无的选项,叫做诱饵。这一现象就是"诱饵效应"。

我们都知道,钓鱼除了需要耐心和技术之外,诱饵是必不可少的。我们要钓不同的鱼,就要用不同的诱饵。这样不同的鱼才会上钩。事实上,在商业活动中,各种各样的诱饵随处可见,我们常常都成了别人的鱼还不自知。

事实上,正是因为人们具有这样的心理,所以有时候,我们可以从中获得一些好处。比如,我们在为某一决定犹豫不决的时候,与其他方案进行比较,往往能够让我们更加坚定自己的选择。不过,我们也要小心一些陷阱,尤其是商家,所以我们要时刻提醒自己,我只关注性价比,其他的与我无关。

精明的商人都会把"诱饵效应"发挥到极致,而我们普通人常常难以意识到这一点,直到买了东两之后,才大呼上当。这跟我们的思维方式密不可分。

069 权威效应

"权威效应"，又称为"权威暗示效应"，是指一个人要是地位高，有威信，受人敬重，那他所说的话及所做的事就容易引起别人重视，并让他们相信其正确性，即"人微言轻、人贵言重"。"权威效应"普遍存在，首先，是由于人们有"安全心理"，即人们总认为权威人物往往是正确的楷模，服从他们会使自己具备安全感，增加不会出错的"保险系数"；其次，是由于人们有"赞许心理"，即人们总认为权威人物的要求往往和社会规范相一致，按照权威人物的要求去做，会得到各方面的赞许和奖励。

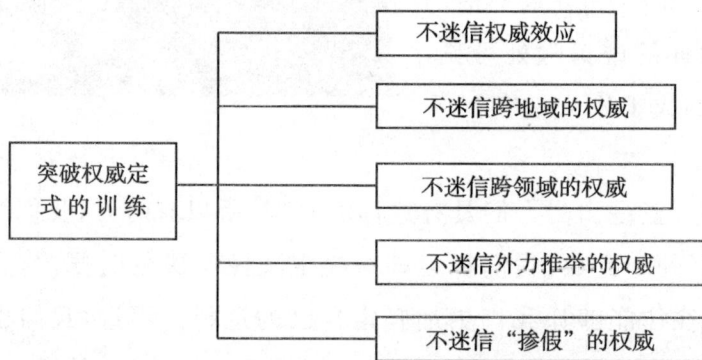

权威行动的作出，即权威的运用，是权力的主要形式之一。通过权威的运用，众多个别行动者的行动被置于或保持在有秩序的状态中，或者被协调起来在合作中达到某一特定目标或某些普遍目标。达到行动的秩序或协调性的主要机制是：

（1）交换；

（2）共同利益；

（3）团结一致——它来自

a. 相互间的感情，

b. 原始社区，

c. 信仰社区，

d. 市民社区；

（4）权力

a. 权力的影响，

b. 权威，

c. 强迫性控制。

当处于一定关系中的每个行动者互惠地完成服务于他人或有利于他人的行动时，就存在着"交换"。

当每个行动者希望分享从第三方或某些其他外部来源获得的利益而被激发去完成预期的行动时，"共同利益"就发生作用。

当人们相信，集体本身的存在或其他合作者作为集体成员将获得更多的利益时，"团结一致"就作为唤起有秩序的或一致的行动的刺激因素而发挥作用；集体可以通过个人"相互间感情"的纽带或通过"原始的"（例如亲属的、种族的或领土的）同一联系而形成；也可以在共同拥有神圣象征物（"信仰的"）的基础上，或在"市民社区"共同成员身份的基础上形成。

当所要完成的行动的模式是由一个行动者或几个行动者（不是采取联合行动的行动者）来建立时，通过"权力"而实现的众多行动者的行动秩序和行动联合就产生了。"影响"是权力的一种形式，它需要：（1）通过提出具体的模范行动或"典型"来提供模式或模型。（2）我们所讨论的中心："权威"，即通过提供可归入上述任一机制中的认识方面的图式（例如，智力评价）和一般化的计划（如战术和战略规划这样的行动蓝图）来起作用。"强迫性控制"，可以通过命令来发生作用，这些命令被认为是由于诸如扣留报酬（如收入）或拒给所希望的条件（如物质生活地位的升迁或物质福利）这类制裁而具有威力的。强迫性控制也可以通过控制环境而起作用,因为行动者必须牺牲自己来适应环境。

"权威效应"在实际生活中的运用:在现实生活中,利用"权威效应"的例子很多:做广告时请权威人物赞誉某种产品,在辩论说理时引用权威人物的话作为论据等等。在人际交往中,利用"权威效应",还能够达到引导或改变对方的态度和行为的目的。

"权威效应"在社会生活中是司空见惯的一个心理效应,可以说,在人类社会,只要有权威存在,就首先会有"权威效应"。

企事业单位以及商场、酒店、学校、娱乐场所大都愿意请党和国家领导人或名人雅士题写名称;很多书籍,也喜欢请名人题签;有的药品、保健品的宣传资料上,常常见到政界高级知名官员的题词和接见董事长、总裁的照片。这一切,都是"权威效应"在起作用。

要区分"权威效应"与名人的心理实质。"权威效应"是借助权威的名声、势力,推动式推行、强化或拔高某种事物;而名人效应是人们效仿名人、追逐名人的心理倾向;二者有着作用方向的差异,也有作用力的不同。

070 瀑布心理效应

中国有句古话叫做"说者无心，听者有意"，你明明只是无心地说了一句话，却"有意"地伤害到了别人。轻则引起对方的反感，重则给自己引来灾祸。因此，当你在和陌生人打交道时，就需要谨言慎行，注意自己说话的分寸。

很多人都有过被别人的"无心之言"刺伤的经历，如果你心胸开阔，很可能在愤恨不快后原谅了对方，但却无法再喜欢上他。而如果你心胸狭窄，则很可能为他这一句话耿耿于怀一辈子。

这种旁人一句随便说出的话，却弄得你如此"不得意"的现象在心理学上，被称之为"瀑布心理效应"，即信息发出者的心里比较平静，但传出的信息被对方接收后却引起了心理的失衡，从而导致态度行为的变化等。这种心理效应现象，正像大自然中的瀑布一样，上面平平静静，下面却浪花飞溅。

《史记》记载了这样一个故事，平原君赵胜的邻居腿有点跛。一天，平原君的小妾，在临街的楼上，见到这个人一瘸一拐地在井台上打水，大声讥笑了一番。这位身残志坚的人心生不忿，于是找到赵胜反映这一情况，要求赵胜杀了这个小妾。见赵胜犹豫，此人劝说道："大家都认为平原君尊重士子而鄙贱女色，所以，士子们都不远千里来投奔您。我不过是有些残疾，却无端遭到你的小妾的讽刺、讥笑。所谓士可杀而不可辱，请你为我做主。否则旁人会认为您爱色而贱士，从而离开您。"平原君这才恍然醒悟，终于毅然斩了这个说话没有分寸的小妾。

故事里的小妾就是因为说话没有分寸才引来灾祸，历史上因一言不慎引来杀身之祸的人多不胜举，可见注意说话的分寸是件多么重要的事情。

通过上面的故事，我们可以得知，如果你想在社交场合中成为一个受欢迎的人，就必须时刻提醒自己不要犯无心伤人的错误，避免自己的一句闲话引起强烈的"瀑布心理效应"。而要做到这一点，你应该知道以下两点：

一、要知道哪是谈话的禁忌

并不是所有的话题在任何时间、任何地点都适合拿来公开谈论，因此，要想在社交场合中建立起良好的口碑，赢得好人缘，你必须知道下面几个谈话的禁忌，从而在谈话中避开这些暗礁：

别把自己隐私拿出来大谈特谈。虽然说在与人交往时，适当的自我暴露可以拉近与对方的距离，但你的话题一直围绕着自己的隐私，就会引起对方反感，觉得你是一个没有分寸的人。

不要询问别人的隐私。要记住："男不问收入，女不问年龄"。如果你在和对方谈话时问起这些，那么，你需要动一个大手术，因为问这些问题是无知和没分寸的表现。

不要提别人的伤心事。不要和对方提起他所受的伤害，例如他离婚了或是家人去世等。若是对方主动提起,则需表现出同情并听他诉说,但请不要为了满足自己的好奇心而追问不休。

别总盯着别人的健康状况。有严重疾病的人,如癌症、肝炎等,通常不希望自己成为谈话的焦点对象。不要做个大嘴巴,一看到病后的人回来工作就大声昭告天下:"老李,你的肝病治好了?"这样你会成为对方最想痛揍的人。

如果不是幽默,请终止。幽默是我们所提倡的,可是不是每个人都会幽默。如果你的幽默言语经常让别人捧腹开怀,那么请继续,如果你的幽默会让别人铁青着脸离开,那么,最好打住。

让争议性的话题消失。除非你很清楚对方的立场,否则应避免谈到具有争议性的敏感话题,如宗教、政治、党派等而引起双方抬杠或对立僵持的情况。

不要随便评价别人。如果你实在忍不住要谈论谣言,去找你最贴心的朋友,不要拉着一个陌生人听你絮叨他完全不感兴趣的东西。爱传播谣言的人往往以为每个人都和他一样喜欢八卦,事实上,不是每个人的品位与爱好都与你一样。

以上列出的忌讳,完全值得你重视,哪怕只是偶尔犯这样的错误,对方也会以为你是个没有分寸的家伙。好了,谈完这重要的忌讳,我们来看看如何让自己成为一个有分寸的人吧。

二、要知道怎样掌握说话的分寸

要让说话不失分寸,除了提高自己的文化素养和思想修养外,还必须注意以下几点:

维护别人的自尊心。自尊是件奇妙的东西,你正面攻击它,它反而更坚强,反倒是你若有若无的一句闲话就能将其击溃。所以,说话时,一定要留意对方的敏感点,比如对方身材矮小,你就最好不要在谈话中提起身高的问题等等。

客观才能得人心。这里说的客观，就是尊重事实，实事求是地反映客观实际，应视场合、对象，注意表达方式。有些人喜欢主观臆测，信口开河，往往把事情办糟。

说话时要认清自己的身份。任何人，在任何场合说话，都有自己的特定身份，也就是自己当时的角色地位。比如，在自己家庭里，对子女来说你是父亲或母亲，对父母来说你又成了儿子或女儿。如用对小孩子的语气对老人或长辈说话就不合适了，因为这是有失尊重的。

不要让自己过于兴奋。在社交场合，我们提倡的待人接物方式以热情温和为佳，态度保持宠辱不惊，切勿太过兴奋，以至于口不择言，伤害他人。

注意语言的地域差异。不同地域存在不同的文化差异，在某些人看来是很平常的说话方式却很可能会影响到对方的情绪。因此，建议你在社交场合，最好仔细思量，用普通话和对方交流。

善意很重要。所谓善意，也就是与人为善。说话的目的，就是要让对方了解自己的思想和感情。俗话说：好话一句三冬暖，恶语伤人六月寒。在人际交往中，如果把握好这个分寸，那么，你也就掌握了礼貌说话的真谛。

会说话，说好话，也是一门艺术，我们的言行举止，都会给周围的人带来反应，反应效果如何就要靠自己把握。掌握好语言的分寸，你和对方的交往氛围将会保持和谐愉快，有助于感情的升温。

071 链状效应

有一句俗话是"近朱者赤,近墨者黑",在心理学上这种现象被称为"链状效应",它是指人在成长中的相互影响以及环境对人的影响。

古语中的"近朱者赤,近墨者黑",形象地说明了客观环境对人的影响是很大的,尤其对青少年影响更大,更深刻。因此,人们历来重视对所处环境的选择,主张"居必择乡,游必就士"。大家所熟悉的"孟母择邻"的故事就是一例,孟母为了给孟轲选择一个适于成长的居住环境,竟三次搬家,由"近墓"之所迁至"市旁"又继而到"学宫之旁",可见她多么重视环境的选择。《颜氏家训》中说:"人在年少神情未定,所与款狎,熏渍陶染，言笑举动，无心于学。潜移默化，自然似之。"就说明了小时候在一定的环境中生活，耳濡目染，自然而然就形成了一定的品德习惯。我国古代即有"亲君子，远小人""交益友、挚友、诤友，莫交损友、佞友、酒肉朋友"之说。鲁迅先生也说过："读书人家的子弟熟悉笔墨，木匠的孩子会玩弄斧凿，兵家儿早识刀枪……"这些名言，不无道理。假如和几个志同道合的朋友在一起，即使你的行为不怎么好，但这些都只是暂时的，因为在你的朋友潜移默化下，不久的将来，你一定也会变得高尚的；假如和许多行为、举止十分卑鄙的人在一块，不用说，不过多久，你做事和说话就会和那一帮人相似。这说明环境往往能改变人。

人们不仅注意环境选择，更注意一定环境中人的交往。《涑水闻记》中记载着宋朝张奎母的事迹。儿子每次请朋友到家做客，她都在窗外悄悄听着，朋友和儿子谈论学问，她设宴招待；如是嘻嘻哈哈，不谈正事，就不管饭吃。这个故事说明张奎母重视儿子结交人。古人结交朋友中还注意"结交胜己者"，就是结交才德超过自己的人，以便在交往中受到良好的影响，取长补短。但是也有人并不重视结交朋友上的问题，往往近"墨"变"黑"，这方面的事例也是屡见不鲜。我们也会从一些媒体报道上获知，一家人均被法律部门判刑的惨剧，这是什么原因呢？大多是一个人结交上坏人，不但影响了自己，也影响了自己的兄弟姐妹，一同走上了犯罪的道路。

这种效应在教育中表现得尤为明显。我经常发现，一个孩子的家庭中，如果父亲是一个不三不四的人，往往孩子也会成为他的继承者，品行不端，举止粗野，学习落后。就学生的"链状效应"看不是单方面的，既表现在思想品德方面的互相感染，也在个性、情绪、兴趣、能力等方面发生综合影响。一个学生在接受教育的过程中，同学之间的相互影响，在一定程度上，超过教师对学生的影响。在《两南联大启示录》中，杨振宁先生谈起他在西南联大读书的情景时感慨地说，当时，在十分艰苦的环境和条件下,同学们依然非常认真地学习,相互热烈地讨论,从同学身上学到的东西,比从老师身上学到的还多。他认为,同学之间的学习讨论比上课时师生之间的教学更加深入、细致,不受时间与地域的影响。讨论某个问题,可以从白天讨论到晚上,从教室讨论到宿舍,甚至睡觉时还争论不休,拿出著名科学家的著作来印证,逐段逐句地推敲研究,实在是受益匪浅。而同老师的讨论时间不会那么长,也不会那么细。因此作为班主任,应有意识地优化学生周围的环境,教育学生学会交友,告诉学生,很多人学好或者学坏都和自己交往的人有关。这种无形的相互影响在不知不觉中改变着我们。因为我们每一个念头都被周遭的环境所左右。在欢愉的环境里,身边人以柔和的言辞交流的环境里,我们的心情也会柔和,自己的行为也会变得温文尔雅。但是,换个环境如果我们整天在吵吵闹闹恶言相对的情况下生活,我们可能也不觉得这些事对人家有负面影响,自己也跟着做。

人对环境的改造是微弱的,而环境对人的影响则是深刻的、巨大的。初中生正处于人生一个十分重要的过渡期,一方面,他们看问题、想问题和处理问题开始逐渐向理性靠拢;另一方面,这种理性还比较脆弱,也不稳定。因此,在这一时期,随着孩子的社会生活面扩大,一些不良的观念和行为,也开始渗入到了孩子的生活之中。"拜把子""讲哥们儿义气""够朋友""够意思",比吃论穿,相互包庇,成了一些学生对某种行为的特殊赞词。一旦出现这些情况,就混淆了是非,并会把这些恶俗当成错误的思想行为的庇护所。比如,学生打群架,若哪个同学不参加,不大打出手,那是要让其他玩得好的同学看不起的,甚至还有可能被这个小集体"开除"。

在我们的身边,"近朱者赤,近墨者黑"的例子实在是太多了。当然,我们也要客观地看到,外因是变化的条件,内因是变化的根据。是否"近朱者赤,近墨者黑",不排除环境对学生有一定的影响,但归根结底,原因还是在于本身。如果自控能力很强的人，也能"出淤泥而不染，濯清涟而不妖"，洁身自好的。特别是对于班集体中的一些比较差的学生，如果老师坐视不管，其他学生也避之犹恐不及，那么，这样的学生在集体中永远处于边缘状态，备受冷落，心灵受到打击，无法过上正常人的生活，会造成心理伤害，也许就会破罐子破摔，反而会离集体越来越远。对于一些比较优秀的学生，如果也是"谈笑有鸿儒，往来无白丁"，"无友不如己者"，那么，他们自认为自己是班级的上流社会，形成一个封闭的小团体，各人自扫门前雪，不管他人瓦上霜，缺乏责任感，也容易滋生自私、狭隘的思想，这也是要不得的。

072 木桶效应

"木桶效应"的意思是：一只沿口不齐的木桶，它盛水的多少，不在于木桶上那块最长的木板，而在于木桶上最短的那块木板。要想多盛水——提高木桶的整体效应，不是去增加最长的那块木板的长度，而是要下工夫依次补齐木桶上最短的那块木板。

一个孩子学习的学科综合成绩好比一个大木桶，每一门学科成绩都是组成这个大木桶的不可缺少的一块木板。孩子良好学习成绩的稳定形成不能靠某几门学科成绩的突出和好学，而是应该取决于它的整体状况，特别取决于它是否存在某些突出的薄弱环节。比如说，李某的儿子升入初中以后，语文、英语、政治等文科学习成绩很好，但数学成绩不够理想，李某多次和儿子谈心，父子俩共同摸清为什么数学成绩是一块"最短的木板"，然后要求儿子下功夫多做数学练习题，平时在学习过程中在这门学科上多花费一些时间，做到"取长补短"，实践证明，注意"木桶效应"的运用取得了很好的效果，孩子的学习成绩综合排名在班级中的名次上升了不少。

073 库里肖夫效应

库里肖夫效应是一种心理效应,是指库里肖夫这位电影工作者在 19 岁的时候发现的一种电影现象。

苏联电影导演列夫·库里肖夫通过镜头剪接所做的一项实验,该实验实际上是由普多夫金具体操作的。库里肖夫为了弄清楚蒙太奇的并列作用,给俄国著名演员莫兹尤辛拍了一个毫无表情的特写镜头,剪为三段,分别接在一碗汤、一个正在做游戏的孩子和一具老妇人的尸体的镜头之前,结果观众在观看过程中却似乎发现了莫兹尤辛的情绪变化——分别对应着饥饿、喜悦和忧伤。库里肖夫由此看到了蒙太奇构成的可能性、合理性和心理基础,并创立了"电影模特儿"等理论。他得出的结论是,造成电影情绪反应的并不是单个镜头的内容,而是几个画面之间的并列;单个镜头只不过是素材,只有蒙太奇的创作才成为电影艺术。他提出了积极的创作纲领:影片的结构基础不是来自现实素材,而是来自空间结构和蒙太奇。

074 名片效应

有一位求职青年,应聘几家单位都被拒之门外,感到十分沮丧。最后,他又抱着一线希望到一家公司应聘,在此之前,他先打听该公司老总的历史,通过了解,他发现这个公司老总以前也有与自己相似的经历,于是他如获珍宝,在应聘时,他就与老总畅谈自己的求职经历,以及自己怀才不遇的愤慨,果然,这一席话博得了老总的赏识和同情,最终他被录用为业务经理。这就是所谓的"名片效应"。也即两个人在交往时,如果首先表明自己与对方的态度和价值观相同,就会使对方感觉到你与他有更多的相似性,从而很快地缩小与你的心理距离,更愿同你接近,结成良好的人际关系。在这里,有意识、有目的地向对方所表明的态度和观点如同名片一样把你介绍给对方。

恰当地使用"心理名片",可以尽快促成人际关系的建立,但要使"心理名片"起到应有的作用,首先,要善于捕捉对方的信息,把握真实的态度,寻找其积极的、你可以接受的观点,"制作"一张有效的"心理名片"。其次,寻找时机,恰到好处地向对方"出示"你的"心理名片",这样,你就可以达到目标。掌握"心理名片"的应用艺术,对于处理人际关系具有很大的实用价值。

075 刺猬效应

"刺猬法则"可以用这样一个有趣的现象来形象地说明:两只困倦的刺猬由于寒冷而拥在一起,可怎么也睡不舒服,因为各自身上都长着刺,紧挨在一块,反而无法睡得安宁。几经折腾,两只刺猬拉开距离,尽管外面寒风呼啸,可它们却睡得很香甜。

"刺猬法则"就是人际交往中的"心理距离效应"。管理心理学专家的研究认为:领导者要搞好工作应该与下属保持亲密关系,但这是"亲密有间"的关系。特别要提醒的是,领导者与下属亲密无间地相处,还容易导致彼此称兄道弟、吃喝不分,并在工作中丧失原则。

076 安慰剂效应

"安慰剂效应"指病人虽然获得无效的治疗,但却"预料"或"相信"治疗有效,而让病患症状得到舒缓的现象。有人认为这是一个值得注意的人类生理反应,但亦有人认为这是医学实验设计所产生的错觉。这个现象无论是否真的存在,科学家至今仍未能完全理解。

一个性质完全相反的效应亦同时存在——"反安慰剂效应":病人不相信治疗有效,可能会令病情恶化。"反安慰剂效应"可以使用检测"安慰剂效应"相同的方法检测出来。例如一组服用无效药物的对照群组,会出现病情恶化的现象。这个现象相信是由于接受药物的人士对于药物的效力抱有负面的态度,因而抵消了"安慰剂效应",出现了"反安慰剂效应"。这个效应并不是由所服用的药物引起的,而是基于病人心理上对康复的期望。

077 波纹效应

波纹效应是指在学习的集体中，教师对有影响力的学生施加压力，实行惩罚，采取讽刺、挖苦等损害人格的做法时，会引起师生对立，出现抗拒现象，有些学生甚至会故意捣乱，出现一波未平，一波又起的情形。这时教师的影响力往往下降或消失不见，因为这些学生在集体中有更大的吸引力。这种效应对学生的学习、品德发展、心理品质和身心健康会产生深远而恶劣的影响。

078 蚂蚁效应

众所周知,蚂蚁是自然界中最为团结的动物之一。一只蚂蚁的力量是微不足道的,但上百万只蚂蚁团结起来,组成一个蚂蚁军团,则可以在几分钟之内将豺狼虎豹啃噬得只剩下一堆骨头。这就是"蚂蚁效应"所产生的威力。它告诉我们:人心齐,泰山移,团结就是力量。如果想让团队合作取得成功,就要让每个成员做到心往一处想,劲往一处使。

蚂蚁搬家,是我们经常见到的现象。当大雨冲垮了蚂蚁窝时,蚂蚁们为了重建自己的家园,团结一致,百折不挠,拼命地搬运沙子,艰难地往地势高的地方爬。一个传递一个,很快它们就把家园修好了,恢复了正常的生活。这种团结协作的精神令人赞叹。如果每个人都能像蚂蚁那样,懂得与人合作,团结起来解决问题,就能避免很多失败。

"蚂蚁效应"给我们的启示:

启示一：互相支持，才能走出困境

从前，有位长者赐给两个饥肠辘辘的人一根钓鱼竿和一篓鲜活硕大的鱼。其中一个人要了那篓鱼，另一个人要了那根钓鱼竿，然后就分道扬镳了。

得到鱼的人找来干柴，搭起篝火，把鱼烤着吃了。很快鱼就被他吃完了，不久后他就饿死了。得到钓鱼竿的人继续忍饥挨饿，艰难地向海边走去，但是天高路远，还没等他到达海边，就饿死了。

后来又有两个人饥肠辘辘，长者同样恩赐他们一根钓鱼竿和一篓鱼。他们得到钓鱼竿和鱼之后，没有各奔东西，而是商量怎么去寻找大海。每次他们只煮一条鱼，当他们吃完最后一条鱼时，他们看到了蔚蓝色的大海。然后他们在海边钓鱼，走上了以捕鱼为生的道路，几年后他们慢慢富了起来，过上了幸福安康的生活。

在这个故事里，前面两位饥饿者之所以被饿死，是因为没有团结协作的意识，一个只看眼前，一个看得过于长远，但因为没有团结起来，最终陷入单打独斗的困境，被活活饿死。而后面两位饥饿者既有长远眼光，又脚踏实地，最关键的是他们懂得齐心协力地战胜当前的困难，最后他们成功了。

"人心齐，泰山移"，单个蚂蚁虽小，小得微不足道，但成千上万的蚂蚁聚在一起，就汇聚成了一股无坚不摧的力量；单个小动物，比如猴子、兔子、小狗等，虽然它们力量也不大，但团结起来，齐心协力，可以共拒凶猛的狼。可以说，"小"不是"弱"的代名词，"大"也不是"强"的代名词，只有团结才是最有力量的。

启示二：合作需要分工，"懒蚂蚁"值得推崇

只要你稍微观察一下蚂蚁群，就能发现一些懒蚂蚁：它们无所事事、东张西望，而不像大多数蚂蚁那样忙碌地寻找、搬运食物。日本北海道大学进化生物研究小组对懒蚂蚁的活动进行了研究，结果发现在缺少懒

蚂蚁的情况下,蚁群会失去寻找食物的能力,而当懒蚂蚁挺身而出时,就能迅速带领蚁群找到食物。

原来懒蚂蚁把大部分时间用在了侦察和研究上了,它们能观察到组织的薄弱之处,同时保持对新的食物的探索状态,从而保证群体不断得到新的食物来源。这就是所谓的"懒蚂蚁效应"。

它启示我们,在团队合作中,必须有明确的分工,有的"蚂蚁"负责搬运食物,有的"蚂蚁"负责侦察。既然有分工,就有不同的工作状态,搬运食物的蚂蚁显得忙忙碌碌,负责侦察的蚂蚁则显得懒懒散散。但这只是表面上的,实际上它们都在团队合作中发挥了独特的作用,甚至懒蚂蚁发挥的作用更大。

079 对比效应

人们认识一切事物都是通过比较来实现的。当面临一项新的选择时，我们的比较心理总是在下意识地发挥着作用。

去餐馆吃饭时，我们吃着碗里的，会不经意地看看其他人吃的是什么；购买东西时，即使我们已经为一件产品付完了账，但看到同类的产品时，我们还是会不自觉地想要问问价钱；在选择人生伴侣时，即便我们知道对方就是我们的至爱，不过还是会下意识地与自己的朋友、同学比较一下他们的伴侣……

在日常交际中，人们普遍存在一种"比上不足，比下有余"的心理。因此，我们在安慰别人的时候，或者自我安慰的时候，总是会说，"这已经不错了""真是不幸之中的万幸"。

人们的这种心理，无疑是通过比较的方式让我们接受现实。

既然人人都有这种比较的心理，在日常工作、生活与交际中，当我们需要说服一个人时，就可以有意地拿一件事情与同类的另一件事情作比较，以增强我们对他人的说服力。

俗话说："不怕不识货，就怕货比货。"在说服他人的过程中，我们可以制造一种鲜明的对比，使对方受到强烈的刺激，从而翻然醒悟到自己的错误。

080 苏东坡效应

古代有则笑话：一位解差押解一位和尚去府城。住店时和尚将他灌醉，并剃光他的头发后逃走。解差醒时发现少了一人，大吃一惊，继而一摸光头转惊为喜："幸而和尚还在。"可随之又困惑不解："我在哪里呢？"这则笑话一定程度上印证了诗人苏东坡的两句诗："不识庐山真面目，只缘身在此山中。"即人们对"自我"这个犹如自己手中的东两，往往难以正确认识；从某种意义讲，认识"自我"比认识客观现实更为困难。因此，"人贵有自知之明"。社会心理学家将人们难以正确认识"自我"的心理现象称之为"苏东坡效应"。

"苏东坡效应"的来源：

本世纪初，有个叫拉赛尔·康维尔的美国牧师，以"宝石的土地"为题在美国巡回演讲。他的演讲使整个美国卷入了激情的旋涡。据说他举行了多达 6000 次的讲演，其内容如下：从前印度有个叫阿里·哈弗德的富裕农民，为了寻找埋藏宝石的土地变卖了家产，出外旅行，终于穷困而死。可是，此后就有人从他卖出的土地里发现了世界上最珍贵的宝石。康维尔引用这个真实的故事，并用大量的实例说明，人们向他所寻求的，恰恰是自己手中的东两。这是一个对自我认识的问题，这也是"苏东坡效应"所折射出来的哲理。

"苏东坡效应"可不是"天外来客"。它的产生有其一定的必然性。自从一位美国控制论专家创立模糊集合理论以来，以模糊集合论为核心的模糊理论在全世界得到了迅速的发展。矛盾普遍存在于客观世界中，模糊性亦寓于万物运动之中。鸡蛋可以孵鸡，当小鸡未啄出蛋壳之时，总不能说它仍是蛋，亦不可称之为鸡。石蜡从固态变成液态，也会经过明显的中介过渡。客观世界就是在模糊与清晰的矛盾斗争之中发展的。

　　对自我的认识也是如此，客观事物的模糊性反映在人的大脑之中，便产生了概念上及思维上的模糊性。由于人的思想往往不能全面地、精确地反映客观，这就常使人脑的模糊性和不确定性大于客观模糊性；又因为人类还具有自己的伦理、道德、意识、情操，这又使得这一人文领域的模糊性变得更为复杂。

　　一方面，角色扮演者对"自我"的认识具有显而易见的重要性；另一方面，客观事物的模糊性又使得人们对"自我"的认识增添了难度。

　　鉴于此，"苏东坡效应"无疑给我们敲起了警钟。

　　这当然不是要我们被"苏东坡效应"牵着鼻子走，向"自我"甘拜下风，只好让对"自我"的认识模糊下去。不，当然不能这样。在"苏东坡效应"敲响的警钟声中，我们应该听到的是这样一种召唤：保持警觉，切勿盲目，力求对"自我"认识得全面些、清晰些……

　　办法总是有的。克服"苏东坡效应"的办法，是深入"此山中"探幽微，跳出"此山外"览全景。概而言之，就是要从微观和宏观这两个"视角"的"结合点"上对准"焦距"。

　　"苏东坡效应"中的自我意识：

　　自我，是伴随着个体的社会化产生的，自我的形成与发展又推动着个体的社会化。每个个体都有独特的自我。个体的自我，就它的最广的含义说，是一切个体能够叫做"我的"之总和。它不但包括个体的躯体、生理活动与心理活动，而且包括所有与个体有关的存在物，如个体的双亲、配偶、子女、亲戚、朋友，个体的成就、名誉、财产和权力等。这一切使个体对自身的存在产生满足或不满足的体验。狭义的自我，是指个体对自己心理活动感知与控制的脑的机能活动。自我是个体心理的特殊形式，是人脑对个体自身以及对与外部世界关系的能动反应。就自我的成分而言，自我可相对区分为三个互相关联的部分，即物质的自我、社会的自我、精神的自我。总而言之，自我是个体反映自身及其与外部世界关系的脑的机能活动。

自我意识是人类特有的心理现象。个体的活动离不开自我，自我客观地存在于个体的活动中。自我对于个体的活动具有不言而喻的重要性。因为个体的自我作为个体活动的觉察者、调节者与发动者，它可以使个体的活动具有独特性、一致性与共同性。不同的自我优势，会引起相应的自我评价与自我追求，进而去寻找理想的自我实现。所有的自我行动，都是自我的外现，其意义在于保持个体的心理平衡，使个体与现实世界的关系和谐。从角色扮演这个角度看，角色的本身虽然决定着这一角色扮演者个体的共同轮廓，但是它不能决定每个角色扮演者的个体活动和行为。因为每个角色扮演的个体行为活动，都取决于个人掌握角色和使其内化的程度，而内化的过程之本身又受到角色扮演者个人一系列的自我认识、自我态度、自我心理特点的影响。"谁像命运似的推着我向前走呢——那是我自己。"诗人泰戈尔曾经这样说过。完全可以这样说：同样一种角色的扮演者，其扮演的水平和质量因人而异，甚至有的呈现高低、上下的迥然不同，究其原因，都可以追溯到"自我"这两个字上来。

【实验分析】

一位美国心理学家做了一个实验，证明人确实容易拔高自己。他找来 25 个人，他们相互之间都是老熟人，因此比较了解各自的优缺点。实验者请他们每个人分别根据 9 个标准即文雅、幽默、聪明、爱交际、讲卫生、美丽、自大、势利、粗鲁，对所有包括自己在内的人排名次。比如，根据文雅标准,谁最文雅排第一,其次为第二……以粗鲁为标准,谁最粗鲁排第一,其次排第二……也就是说,每一个人都要对自己和其他 24 个人进行评价,这样,每一个人的每一个方面都有一个自我评价,还有 24 个他人做出的评价。经过统计分析发现,这 25 个人身上都有不同程度的夸大优点和掩饰缺点的倾向。例如,有一个人自以为自己的文雅程度应该名列前茅,可是把其他 24 个人在这一方面给他评定的名次平均一下,他的"文雅"程度仅列第二十几名。还有一个人,对自己"爱清洁"的品质的名次比他人给他的平均名次提前了 5 名,对"聪明"和"美丽"的程度的评价都提前了 6 名,而对自己"势利""自大""粗鲁"程度的评定却比别人评得低,他定的名次比别人给他定的后退了 6 名。

从这个实验我们能看到,我们对优良品质的自我评价常常比别人的估计高,对不良品质的自我评价则常常比别人的估计低,也就是说我们更容易拔高自己。懂得了这一点,我们就可以明白,为什么要谦虚谨慎,戒骄戒躁。这实际上就是为了克服我们有意无意地拔高和美化自己的倾向,使我们能更科学、客观、公正地评价自己。当然,这里的谦虚谨慎,并不是要求人家随意贬低自己,认为自己不行。"人贵有自知之明",是说既要看到自己的不足,也要看到自己的长处,这样在学习和工作中才能扬长避短,取得好成绩。一个人的自我评价也不是在封闭着的自我意识中自然地形成的,而是在与周围各种各样的人的接触中,注意他们对自己的态度,想象他们对自己的评价,并以此为素材,把它作为一个客观标准内化到自己的心中而形成自我形象的。由此可见,自我评价中有许多也是社会对自己评价的反映。

"不识庐山真面目,只缘身在此山中。"明明就站在这座山中,却偏偏不识其真面目。明明自己就拥有"自我",却偏偏不自悟,或者仅是个模模糊糊的认识。这就是一种社会心理效应——"苏东坡效应"。

对自我的认识,如同观察所有事物的方法一样,自然不妨近些,再近些。潜入海底,可证龙宫之虚;登上月球,更信玉兔之无。倘远远一瞟,雾里观花,隔岸看戏,就很难认清真面目。然而近观,也并非一味地越近越好。对此,有人比喻道,犹如看画,从一定的距离与角度看去,齐白石的虾趣图真是形似而神似,栩栩如生。但是,倘过于贴近去看,又只盯住一处,满眼不过几个墨团,便无甚意趣了。看画如此,看人亦然。鲁迅先生说人是怎样的美人,倘用放大镜照她搽粉的臂膊,也会只看见皮肤的褶皱及褶皱中的粉和泥的黑白画。名作与美人尚且如此,更不用说平常的作品与普通的人们了。对自我的认识,也很有这种太远了不行,太近了又不行的境况。

"苏东坡效应"的测试:

最近,国外有关专家设计了一组具有代表性的测验题。如实回答这些"考题",可使你对上述问题得出基本的结论,基本了解你自己是否被"苏东坡效应"牵着鼻子走,掌握你的"自我",及你对它认识的实际状况。这些"考题"如下:

1. 你的情绪是否时常变动?

2. 你对别人的友情能维持多久?

3. 你购买廉价或处理商品,是否常超出自己的需要?

4. 你守信用吗?

5. 你是否轻率地结识异性朋友和定下约会?

6. 你对自己购买的东西常能满意吗?

7. 你是否轻率地对人或事下定论?

8. 你从事的工作是否常有疏误?

9. 你是否有你已不再喜欢的老朋友?

10. 你的生活习惯正常吗?

11. 你是否常凭初次印象判断人?

12. 你能认真地写信给他人?

13. 你是否因做错事而感到不安？

14. 你平时遵守交通规则吗？

15. 你在阅读书刊或文件时，对注解常忽略过去而成为习惯吗？

【记分规则与结果分析】

计分规则是：1、3、5、7、9、11、13、15 题，回答否定记 1 分；2、4、6、8、10、12、14 题，回答肯定记 1 分。

结果分析：

得分为 11 分以上者，说明"自我"是比较成熟的；

得分为 8～10 分之间者，说明"自我"是部分成熟的；

得分在 5～8 分之间者，说明"自我"是不够成熟的；

得分在 5 分以下者，说明"自我"是相当幼稚的。

081 情感效应

唐朝大诗人白居易说过:"动人心者莫先乎情。"人非草小,孰能无情?人有情感是人类区别于其他物种的本质特征,情感是人们内心深处最柔软的地方,人做任何决定都会深受个人情感的影响。所以,要想打动人心,令其动情是上上之选。

前几年台湾地区有一则戒烟广告,整个电视画面是一个骷髅。头骨因死者生前抽烟过度而被熏黑,旁边有一支香烟,画面上方是广告词"吸烟有害健康"。

该广告中让人过目不忘的骷髅无疑是在喻示死亡,死亡是可怕的,而白骨变黑更突显了非正常死亡的可怕。它直观而醒目,所唤起的恐惧感令人紧张不安,容易使人们产生一种趋向解除恐惧心理的需要,从而认识到戒烟的重要性。

刺激人们的情感,以达到更好的营销效果,这是广告营销中惯用的手法。

为何在广告营销中,刺激人们的情感因子如此重要?

"虎毒不食子,子毒念亲恩",就算是职业杀手或是恶毒成性之人,一旦触及他的父母亲情,也可能瓦解他的心理防线。再比如有些男士出于爱慕,急于获得某位女士的芳心,于是在花钱方面大方得很,会购买昂贵的珠宝、香水、衣物、花束,甚至价格更贵的商品,几乎完全失去了理性控制,这是因为他们此时深受强烈的爱欲情感支配。

古训有言:"世事洞明皆学问,人情练达即文章。"在人际交往中,无论是求人办事,还是结交朋友,都要讲究人情,特别是在中国这样一种非常重人情的社会环境中。

082 半途效应

“半途效应”是指在激励过程中达到半途时,由于心理因素及环境因素的交互作用而导致的对于目标行为的一种负面影响。大量的事实表明,人的目标行为的中止期多发生在“半途”附近,在人的目标行为过程的中点附近是一个极其敏感和极其脆弱的活跃区域。导致半途效应的原因主要有两个,一是目标选择的合理性,目标选择的越不合理越容易出现半途效应;二是个人的意志力,意志力越弱的人越容易出现“半途效应”。

培养意志力方法如下:

1. 强化正确的动机。

人们的行动都是受动机支配的,而动机的萌发则起源于需要的满足。什么也不需要或者说什么也不追求的人,从来没有。人,都有各自的需要,也有各自的追求;只是由于人生观的不同,不同的人总是把不同的追求作为自己最大的满足。斯大林说,伟大的目标产生伟大的毅力。从奥斯特洛夫斯基和张海迪身上,我们可以充分地看到,崇高的人生目标怎样有力地激发出坚韧的毅力。

2. 从小事做起,可以锻炼大毅力。

李四光一向以工作坚韧、一丝不苟著称,这与他年轻时就锻炼自己每步走 0.8 米这类的小事不无关系。道尔顿平生不畏困难,看来从他五十年天天观察气象而养成的韧性中获益匪浅。高尔基说:“哪怕是对自己的一点小小的克制,也会使人变得强而有力。”生活一再昭示,人皆可以有毅力,人皆可以锻炼毅力,毅力与克服困难伴生。克服困难的过程,也就是培养、增强毅力的过程。

　　小事情很多，从哪些小事情做起，有的人好睡懒觉，那不妨来个睁眼就起；有的人"今日事，靠明天"，那就把"今日事，今日毕"作为座右铭；有的人碰到书就想打瞌睡，那就每天强迫自己读一小时的书，不读完就不睡觉，只要天天强迫自己坐在书本面前，习惯总会形成，毅力也就油然而生。人是需要同自己作对的，因为人有惰性。克服惰性需要毅力。任何惰性都是相通的，任何意志性的行动也是共生的。事物从来相辅相成，此长彼消。从小事情就可以培养大毅力，其道理就在其中。

　　3. 培养兴趣能够激发毅力。

　　有人说兴趣是毅力的门槛，这话是有道理的。法布尔对昆虫有特殊的爱好，他在树下观察昆虫，可以一趴就是半天。诺贝尔奖获得者丁肇中说："我经常不分日夜地把自己关在实验室里，有人以为我很苦，其实这只是我的兴趣所在，我感到'其乐无穷'的事情，自然有毅力干下去了。"当然人的兴趣有直观兴趣和内在兴趣之分，但两者是可以转换的。例如：有的人对学外文兴味索然，可他懂得，学好外文是建设四化的需要，对这个需要，他有兴趣，因此他能强迫自己坚持学外文。在学的过程中，对外文的兴趣也就能够渐渐培养起来，这反过来又能进一步激发他坚持学外文的毅力。一个人一旦对某种事物、某项工作发生内在的稳定的兴趣，那么，令人向往的毅力不知不觉来到他身边，也就成为十分自然的事情。

　　4. 由易入难，既可增强信心，又能锻炼毅力。

　　有些人很想把某件事情善始善终地干完，但往往因为事情的难度太大而难以为继。对毅力不太强的人来说，在确定自己的奋斗目标、选择实现这一目标突破口时，一定要坚持从实际出发，由易入难的原则。徐特立同志学法文时，已年过半百，别人都说他学不成，他说，让我试试看吧。他知道自己记性差了，工作又忙，所以，开始为自己规定"指标"，只是每天记一两个生词。这个计划起步不大，容易实现，看起来慢了点，但能够培养信心，几个月下来，徐老不但如期完成计划，而且培养了兴趣，树立了信心，又慢慢掌握了学法文的"窍门"，以后每天可以记三四个生词了。徐老的做法很有辩证法。要是一开始在没有把握的情况下，就提出过高的指标，结果计划很可能实现不了，信心也必然锐减，纵使平时有些毅力的人，这时也可能打退堂鼓。美国学者米切尔·柯达说过："以完成一些事情来开始每天的工作是十分重要的，不管这些事情多么微小，它会给人们一种获得成功的感觉。"这种感觉无疑有利于毅力的激发。柯达的话看来对于我们干其他事情也会有启发的。

083 贝尔纳效应

英国学者贝尔纳是一位著名科学天才,但贝尔纳一生未能获得诺贝尔奖金。有一种公认的回答是:"他总是喜欢提出一个题目,抛出一个思想。首先自己涉足一番,然后,就留给他人去创造出最后的成果。全世界有许许多多的其原始思想应归功于贝尔纳的论文,都在别人的名下出版问世了,……他一直由于缺乏'面壁十年'的恒心而蒙受了损失。"后人就将这种现象称为"贝尔纳效应"。

"贝尔纳效应"要求组织的领导者具有伯乐精神、人梯精神和绿叶精神,以组织的大局为先,以组织的发展为重,以工作的重要为急,慧眼识才,潜心育才,放手用才,大胆提拔任用能力比自己强的人,积极为有才干的干部创造脱颖而出的机会和环境。

接下来用"贝尔纳效应"解释达·芬奇、罗蒙诺索夫和罗素现象。

达·芬奇是意大利文艺复兴时的"三杰"(另两位是米开朗基罗与拉斐尔)之首,他不仅是画家,而且是建筑工程师和数学家。

罗蒙诺索夫是俄罗斯著名的化学家、物质不灭定律的发现者、俄罗斯语言奠基人、数学家与诗人。

罗素是英国著名的数学家、哲学家与诺贝尔文学奖得主。

显然,他们都具备极好的发散型思维能力,这三个人都是跨文、理两大科的重量级学者。但不可忽视的是,达·芬奇时代与罗蒙诺索夫时代,自然科学分工远不及现在如此细密,其研究深度也远不及今天如此精到,有时一个课题,一个实验,就要十年、几十年。罗素最早只是研究理论数学,其后,他将主要精力用到对哲学、史学、文学的涉猎与探讨上。

如果他一辈子只搞数学或某一个方面的专项研究,也难以有那么多的精力涉足这么多的人文类学科。

现今时代,很难见到先天有艺术灵感者,还可以在游刃有余地玩艺术的同时,又在某一个数理领域的职业有所建树从而达到文理兼容的人;更不用说在某专业上有惊人的成就,同时还精通文、史、哲的奇人。也就是说,在现今科技高度专业化的时代,人们无不受到"贝尔纳效应"的制约。

084 月曜效应

"月曜效应"亦称"星期一效应"。有这样一种现象:不少孩子在星期一上课时往往精神疲惫、注意力分散,这到底是什么原因呢? 心理学家的解释是:双休日中,孩子在心理上开始自我放松,原来紧张有序的学习生活被悠闲随意地玩乐所取代,于是,晚睡晚起,精神不振。到了星期一,孩子的心理状态和生物钟还没有及时调整过来,结果出现了不少孩子在星期一注意力分散、记忆力差、纪律散漫等现象。因为我国古代把星期一又叫做"月曜",所以心理学家将这种现象称为"月曜效应"。这种效应在每天的早上和下午第一节课中也常会出现,在假期过后的开学那段时间也甚为显著。按理休息之后应该精神倍加,效率提高,但是事实并非如此,而是按照"月曜效应"规律发生。有人把它也称为"月曜病"。

"月曜效应"给我们的启示是,在双休日(包括其他假日),家长要精心安排孩子的生活,既不能施加太大的压力,又不能放任自流。如果学习负担过重,孩子疲于奔命,身心无法得到充分休息;完全不管,孩子过分放松,便很难适应星期一的紧张学习生活。另外,家长最好在星期一上学前对孩子进行必要的提醒,引导他们调整生物钟,从而更好地投入到紧张的学习生活中。

085 共生效应

在植物界中。有一个相互影响、相互促进的现象。被称之为"共生效应"。它是指在自然界,一株植物单独生长时,往往没有生机,显得矮小,长势不旺,甚至枯萎衰败,而众多植物在一起生长时,却能生长得郁郁葱葱,挺拔茂盛。"共生效应"现象不仅存在于自然界,在人类社会中也有。

在英国,有一所名叫"卡文迪许"的实验室,它在 1901～1982 年间,先后造就了大批科学家,其中有 25 位荣获诺贝尔奖,因此这个实验室名声大振,成为各国莘莘学子向往的"圣地"。为什么卡文迪许实验室能造就

这么多人才呢？这是因为这里的科学家倡导并养成了密切合作的风气，打破了"文人相轻"的怪圈，使"共生效应"在其中起到了积极的作用。

"共生效应"给我们的启示：

启示一：与优秀的人"共生"，受优秀者的影响。

在犹太经典《塔木德》中，有一句名言：和狼生活在一起，你只能学会嗥叫；和那些优秀的人接触，你就会受到良好的影响。因此，多与优秀的人交往，多受他们的影响，能让你变得更优秀。如果你已经很优秀了，再与优秀的人交往，那么你们就能产生"共生效应"，取得了不起的成就。保罗·艾伦和比尔·盖茨走到一起并创立了微软就是最好的例证。

1968年，保罗·艾伦与比尔·盖茨相遇于湖滨中学，艾伦比盖茨年长两岁，他丰富的学识令盖茨敬佩不已，而盖茨在计算机方面的天分又使艾伦倾慕不已。就这样，他们成了好朋友，随后一同迈入了计算机王国。艾伦喜欢钻研技术，他专注于微软新技术和新理念的创新，盖茨则以商业为主，他一人包揽了销售员、技术负责人、律师、商务谈判员及总裁等职。在两人默契的配合下，微软掀起了一场至今未息的软件革命。

有人说，没有比尔·盖茨，也许就不会有微软，但如果没有保罗·艾伦，比尔·盖茨也没有今天的成就。他们能走到一起，并非偶然，比尔·盖茨说过："有时决定你一生命运的在于你结交什么样的朋友。"换句话说，你与怎样的人交往决定了你的未来。

所以，请与优秀的人在一起，努力加入优秀者的团队，让自己在那个良好的氛围中获得成长。从他们的经历中，你既可以学到成功的经验，也可以吸取失败的教训，这会使你变得更优秀。

启示二：小人物也有大智慧，三个臭皮匠顶个诸葛亮。

"共生效应"告诉我们："独行侠"是难以取得卓越成就的，人只有在交往与交流中互相影响、互相启发、互相进步、互相支持、优势互补，才能超越平凡，铸就辉煌。

在生活中，有时候给你启发的人，可能是优秀的成功人士，而有时候给你触动的人，可能只是一个不起眼的小人物。这就是说，我们不能只是与优秀者"共生"，还要重视小人物、平凡的人，多与他们交流，你也同样能增长见识。

一次，诸葛亮去东吴为孙权设计了一尊报恩寺塔，其实他是想借此看看东吴有没有人才，看看东吴有没有能人造塔。因为诸葛亮设计的宝塔非常高，而且塔顶还要求安置一个高五丈、重达四千多斤的铜葫芦。

孙权一下子被难住了，急得面红耳赤。后来东吴招贤纳士，找到了冶匠，但缺少铜葫芦的模具，便在城门上张贴告示，说凡是有办法制出铜葫芦模型的人，一律会得到重奖。

后来有三个容貌丑陋的摆摊子的皮匠，听说诸葛亮在拿东吴寻开心，心里不服，便凑在一起商议。他们花了三天三夜的工夫，终于用剪鞋样的办法，剪出个葫芦的样子。然后，再用牛皮作料，硬是一锥子、一锥子地缝出了一个大葫芦的模型。在浇铜水时，先将皮葫芦埋在砂里。这个办法竟然奏效了。

诸葛亮得到铜葫芦浇好的消息时，马上向孙权告辞，从此再也不敢小瞧东吴人了。那三个皮匠因为长得丑，因此被称为丑皮匠，后来人们叫他们臭皮匠。从此"三个臭皮匠，赛过一个诸葛亮"的故事流传开来。

"三个臭皮匠，顶个诸葛亮"的故事说明了，平凡的人也有不同寻常的智慧，若干个平凡的人聚在一起，可能在相互支持和启发下冒出好的想法。这个想法是他们单独难以想到的,这就给了我们这样的启示:团结就是力量,一木是木,两木成林,三木成森,许多树木聚在一起,就能具有抵抗龙卷风的力量。

因此,在与人交往的时候,不能戴有色眼镜看人,对于那些不起眼的小人物,我们同样要以礼相待,以诚相待,真诚地与他们交往、交流,从而获得启发和支持。

086 侧面效应

夸赞的话人人会说,不过你知道当着对方的面说与通过第三者传达的区别吗?哪种方式更为有效呢?

事实上,在人际交往中,背后鞠躬即创造某些条件,通过第三者传达,让对方间接地听到你对他的关注、肯定,往往会收到更好的效果。

有时,在日常生活中我们会听别人这样说:"这个人我绝对放心,我无条件信任他!"

在人际关系中,我们真的会无条件信任一个人吗?显然不是。当两个人的关系到了很密切的程度,也许还有这种可能。但就一般而言,"一切以事实说话",人们总是会依据直接或间接与你相处时你的表现,来逐渐形成对你的信任。

人生是一个舞台,每个人都在饰演属于自己的角色。作为社会人,我们都有自制力。在当事人面前,每个人肯定会努力表现出好的一面。一旦当事人不在场或判定其不知道时,口蜜腹剑,笑里藏刀,嘴上一套、背后一套的人却不在少数。

所以,在人的心理层面上,人们都喜欢与诚实、正直、表里如一的人打交道。于是人们会通过侧面去观察一个人,以建立起对他的信任感。一个人与他人相处时所表现出来的品质,会比其在当事人面前表现出来的品质更深得当事人的信赖。

与他人相处时的好言行或所表现出来的良好品质,不仅有利于赢得熟悉的人、关系一般的人的好感,也能对本处于自己对立面的"敌人"产生较大影响,从而转变自己在对方心目中的印象,起到化敌对为认同的奇妙作用。

　　"嘴上一套、心里一套，或是说了不做、做了不说，这便是一种无信誉的人生。"重视信誉，对自己的言行始终做到表里如一，更容易获得别人的信任。

087 亚瑟尔效应

纽约有一个高大魁梧的警官叫亚瑟尔。在一次追捕行动中,亚瑟尔被歹徒用枪射中了左眼和右腿的膝盖。出院后,亚瑟尔成了一个残疾人。由于他的无畏与奉献,亚瑟尔被许多部门和组织授予勋章和锦旗,成了时代的英雄。但是,歹徒仍逍遥法外。为了亲手抓住他,亚瑟尔不顾别人的劝阻,毅然参与了抓捕歹徒的行动。

亚瑟尔几乎跑遍了美国,付出的代价是常人难以想象的。9年后,歹徒终于落入法网,亚瑟尔因此又成为英雄。令人震惊的是,不久之后,亚瑟尔在自己的居室中自杀了。他留下遗书说:"多年以来,我活下去的信念就是抓住歹徒。如今,歹徒受了应有的制裁,我又该做些什么呢?我失去了活下去的信念……"

心理学家将这种为了目标不遗余力地奋斗,一旦实现了理想就无所适从,失去了人生信念的现象,称为"亚瑟尔效应"。

哀莫大于心死。一个人的老化不是始于肉体,而是始于精神。

人们生活在这个世界上,必须有坚忍不拔的信念,信念是继续生存下去的理由。一个人如果没有信念,也没有理想,即便活得很长久,也是空活百岁。由此可见,让孩子树立永恒的人生信念是举足轻重的大事。因为心中有理想、希望与信念,孩子会在人生的路途中活得非常充实,他们的内心不会长满荒草,他们也不会经常感到空虚和无聊。即便一时不慎误入了歧途,孩子心中的信念也会呼唤他们迷途知返。

做父母的，当务之急就是培养孩子的理想与信念，让他们对未来充满信心和希望。经过艰辛的努力，孩子的人生目标必然会实现，但是在拼搏的过程中，孩子又会树立起新的目标。所以人生总是处于不断的进取之中。生命不息，奋斗不止，永不言败，永不放弃。

088 改宗效应

美国社会心理学家哈罗德·西格尔有一个出色的研究,题目是"改宗的心理学效应"。研究表明,在一个问题对某人来说是十分重要的时候,如果他在这个问题上能使一个"反对者"改变意见而和自己的观点一致,他宁愿要那个"反对者",而不要一个同意者。

你有时候会不会因为怕得罪人,从而违背自己内心的观点去附和别人的意见?你有时候会不会因为想讨上司的喜欢,从而不敢说出自己真实的想法只是一味点头?

这些看似聪明的做法,其实不一定就能帮你在人际交往中增加分数。美国社会心理学家哈罗德·西格尔通过研究发现,当一个观点对某人来说十分重要的时候,如果他能用这个观点使得一个"反对者"改变其原有意见而和他的观点一致,那么他更倾向于喜欢那个"反对者"而不是一个从始至终的同意者。简而言之,人们喜爱那些在自己的影响下改变观点的人,甚于喜爱那些一向附和自己观点的人。显然,人们通过和某人辩论,使某人改变观点,而感觉到自己是有能力和有成就的。这一发现被称为"改宗效应"。

"改宗效应"使我们明白:那些没有是非观念的"好好先生"之所以会被人瞧不起,是因为他们不能给别人一种挑战后的成就感;而不少敢于坚持自己观点,有独立想法的人,最终总会受到人们的尊重以及由衷的喜爱。

089 增减效应

心理学家发现,人们最喜欢那些对自己的喜欢不断增加的人,最不喜欢那些对自己的喜欢不断减少的人,尤其不喜欢那些开始时喜欢自己、后来不再喜欢自己的人。于是,心理学家将人际交往中的这种现象叫做"增减效应"。

具体来说,每个人都希望别人对自己的喜欢能够不断地增加,都不乐意看到别人对自己的喜欢越来越少。家长在教育孩子时,应该有效地运用"增减效应"。你去超市买东两,有的销售员给你称量时,会先抓一小堆放在秤盘上,然后一点一点地向上添加,一直到分量足够为止。如果销售员一下了放了足够的东西到秤盘上,然后发现多了,就拿下来一些,发现还是多,再拿下来一些,你在旁边看了就会不高兴,仿佛销售员把属于你的东两一点点地拿走了。

很多父母教育孩子时，说话经常条理不清，想到什么就说什么。有的父母想到孩子的优点就表扬一番，忽然想起孩子曾犯过什么错误，然后再批评一番，没有任何章法；有的父母习惯了先褒后贬，总是按照这个顺序教育孩子。教育学家发现，老师或家长教育学生、孩子的时候，不宜先褒后贬，理想的教育方式应该是先贬后褒。

期中考试成绩出来了，明明和洋洋都得了70分。两个人平时的成绩从未低于85分，这次忽然考得这么低，都有点垂头丧气，心想回到家里免不了挨训。

明明刚回到家里，爸爸就问："成绩出来了吧？考了多少啊？"然后明明的爸爸拿过试卷，看了一眼，脸色就晴转多云了。吃过饭后，明明的爸爸开始教育明明。他先是说试题有点难，班里其他的同学成绩都有点下降，这是客观原因。再说，明明的学习名次也没有排后。然后就开始批评明明，说他这段时间学习不够用功，回到家里就看电视；老师也说他上课爱说话……明明躺在床上的时候，仍然想着父亲的训斥，心里怏怏不乐。

洋洋回家后，就把试卷拿给爸爸看。洋洋的爸爸看了分数，心里也

看看人家多优秀。

全优生

我也不比人家差。

不高兴，但是没有表现出来。吃饭后，洋洋的爸爸说："这段时间，你觉得自己表现好吗？"洋洋低着头说："一般。"洋洋的爸爸开始数落洋洋，说他上课爱说话，不用心听讲；回到家里就看电视，对功课不够上心等等。爸爸说完后，就问洋洋："我说的这些有没有冤枉你啊？"洋洋不高兴地说："没有，都是事实。"然后，爸爸说："这次试题难度较大，其他的同学成绩都下降了，这是客观原因，而且洋洋的名次也没有排后。"洋洋听了心情有点好转。爸爸又说洋洋非常聪明，只要用功，没有学不会的知识。洋洋听后，心情一下子好了。洋洋躺在床上的时候，心想以后要好好学习，拿出优秀的成绩给父母看。

所以，父母在教育孩子的时候，不妨运用"增减效应"，先指出孩子的缺点和不足，再恰如其分地给予赞扬，最后鼓励孩子积极进取。

090 刻板效应

生活中常可见到这样的例子：青年人往往认为老年人墨守成规；而老年人又往往认为青年人举止轻浮。教授总是白发苍苍、文质彬彬，工人则是身强力壮、举止豪爽等。人们头脑中存在的关于某一类人的固定印象的心理现象被称为"刻板效应"。虽然这一效应在群体心理中比较多见，但在不少班主任心中也存在。曾经有位平时学习不好的学生有一阶段学习特别刻苦，在期末考试时成绩特别突出，知道考试成绩后，一些班主任说的是："成绩是不错，作弊了吗？"由于平时班主任已对学生有了刻板印象，在学生进步后还是以原来的标准去评价学生，很容易造成偏见、成见，既伤害了学生的自尊，也影响了班主任形象。

091 毛驴效应

决断是各种考验的交集。法国哲学家布里丹养了一头小毛驴，他每天要向附近的农民买一堆草料来喂。

这天，送草的农民出于对哲学家的景仰，额外多送了一堆草料放在旁边。这下子，毛驴站在两堆数量、质量和与它的距离完全相等的干草之间，可为难坏了。它虽然享有充分的选择自由，但由于两堆干草价值相等，客观上无法分辨优劣，于是它左看看，右瞅瞅，始终无法分清究竟选择哪一堆好。

于是，这头可怜的毛驴就这样站在原地，一会儿考虑数量，一会儿考虑质量，一会儿分析颜色，一会儿分析新鲜度，犹犹豫豫，来来回回，在无所适从中活活地饿死了。

那头毛驴最终之所以饿死，导致最后悲剧的原因就在于它左右都不想放弃，不懂得如何决策。人们把这种决策过程中犹豫不定、迟疑不决的现象称为"毛驴效应"。

092 免疫效应

当学习的材料发生了显著的遗忘后再进行复习时,学习者因发现了一遗忘的内容,故能激起复习的动机,他不再把复习看成是多余的事,就在复习中加强了努力和注意;在这样的复习中,学习者还能发现造成遗忘的原因,如新获得的知识模糊不清,未充分消化,不稳固等,于是就在复习时想方设法加强薄弱的部分。因此,把它称为"遗忘的免疫效应",这种效应可以解释为什么早晚复习的效果无明显差异的现象。因此,在教学中,要灵活地安排这两种复习方法,两者都不可偏废。

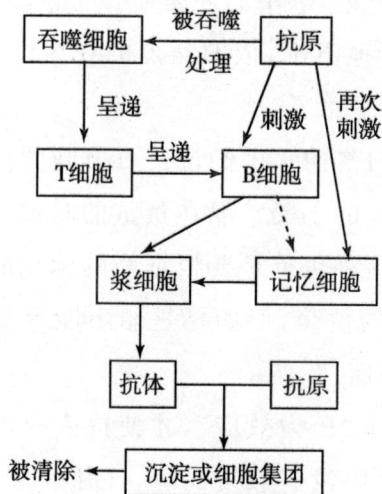

093 拍球效应

爱好篮球的人都知道,拍篮球时,用的力越大,篮球就跳得越高。这就是"拍球效应"。"拍球效应"的寓意就是:承受的压力越大,人的潜能发挥程度越高,反之,人的压力较轻,潜能发挥程度就较小。

有一位经验丰富的老船长,当他的货轮卸货后在浩瀚的大海上返航时,突然遭遇到了可怕的风暴。水手们惊慌失措,老船长果断地命令水手们立刻打开货舱,往里面灌水。"船长是不是疯了,往船舱里灌水只会增加船的压力,使船下沉,这不是自寻死路吗?"一个年轻的水手嘟囔。

看着船长严厉的脸色,水手们还是照做了。随着货舱里的水位越升越高,随着船一寸一寸地下沉,依旧猛烈的狂风巨浪对船的威胁却一点一点地减少,货轮渐渐平稳了。

船长望着松了一口气的水手们说:"百万吨的巨轮很少有被打翻的,被打翻的常常是根基轻的小船。船在负重的时候,是最安全的;空船时,则是最危险的。当然这种负重是要根据船的承载能力界定的,适当的压力可以抵挡暴风骤雨的侵袭,但如果是船不能承受之重,它就会如你们担心的那样,消失在海面。"

老船长就是运用了"压力效应",才使得人船俱存。那些得过且过,没有一点压力,像风暴中没有载货的船,往往一场人生的狂风巨浪便会把他们打翻。而那些负荷过重的人,却不是被风浪击倒,而是自己沉寂于忙碌的生活。

面对压力,我们要讨论不是要不要的问题,而是怎样面对的问题。在众多的压力面前,有的人积极乐观,越战越强,越挫越勇,不断成长、成功;有的人却无所适从,心浮气躁,牢骚满腹,怨天尤人,在惶惶然中一事无成;也有的身心俱疲,积劳成疾,或重病缠身或英年早逝。这其中的差别只在于你怎么应对压力。适当的压力是生活的助力,过度的压力却是生活的负担。但压力也不能过大,在自己能够承受的范围内,也就是说要有节制地、理性地给孩子适当的压力。如,批评学生的不良行为时,教师的火气越大,学生的抵触情绪也越强烈,因而批评要尽可能委婉,不使矛盾激化。如果发现学生的学习压力过大,我们要帮助学生增强心理保健意识,重视自己的心理健康;帮助学生提高自我调节情绪的能力,克服消极情绪,建立积极情绪;帮助他们改善家庭、学校里的人际关系和气氛,提高他们的学习效率;帮助他们树立自信,提高承受压力、耐受挫折的能力等等。压力就像弹簧,如果适当,那么你越压,它越反弹,但是压力过大,也可能会导致它崩溃。比如说,你的学生这次没考好,你要问清楚原因,如果确实是不用心不努力造成的,你可以表现你的失望,但需要有节制、有目的,而不是发泄自己的不满情绪。你可以说,"我对你的成绩很失望,不过我也不准备怎么批评你,你该比以前懂事了,我只是希望下次能比这次有所进步。做任何事情都会有困难、都需要付出辛苦,我希望你能表现得比现在优秀,我会尽量帮助你,我们期待你下次的进步"等等;如果学生自己已经很自责了,你非但不能打击,还得鼓励。

对于没有压力的、还不太懂事的孩子,要有节制地、理性地给他适当的压力,而不是毫无节制、不理性地、无限制地给他压力;而对于心理压力已经很大的孩子,不但不能给压力,还得想办法缓解他的压力。适当的压力并非不是一件好事,比方现代人普遍感到的生存压力,可以变成工作的动力,开发我们更大的潜能,推动个人与社会向前走。同样,适当的压力可以成为推动孩子学习的动力,但当压力超出孩子所能承受的负荷时,压力也会产生消极作用。此时,学习对孩子来说已成为被动的行为,压力越大,独立思考能力尤其是创造力越弱。因此,加压是一门艺术,施加压力方法不当、发生偏差,不仅无助于学习,还将使孩子形成不良的习惯与心理倾向。压力加得恰到好处才能产生好的效果。在孩子有潜力可挖却因惰性或热衷于其他活动不愿向深度拓展之时,就有必要对其施加压力。人都有积极与惰性的一面,当两者较量,惰性一面即将占上风时,及时施加压力无疑效果最佳。而当压力超出认识水平而成为一种负担时,就要及时减轻压力。

压力如同一柄双刃剑,恰当给孩子加压,是教育的一门艺术,老师需细细思考,好好琢磨。当你想给学生"拍球"时,一定要掌握分寸和火候。

094 角色效应

有位心理学家通过观察发现:两个同卵双生的女孩,她们的外貌非常相似,生长在同一个家庭中,从小学到中学,直到大学都是在同一个学校,同一个班内读书。但是她俩在性格上却大不一样:姐姐性格开朗,好交际,待人主动热情,处理问题果断,较早地具备了独立工作的能力。而妹妹遇事缺乏主见,在谈话和回答问题时常常依赖于别人,性格内向,不善交际。

是什么原因造成姐妹俩在性格上这样大的差异呢?

主要是她们充当的"角色"不一样。在生下来后,她们的父母在对待她俩的态度上大不一样。尽管她们是孪生姐妹,但她们的父母就责成先出生的为"姐姐",后出生的为"妹妹"。姐姐必须照顾妹妹,要对妹妹的行为负责,同时也要求妹妹听姐姐的话,遇事必须同姐姐商量。这样,姐姐不但要培养自己独立处理问题的能力,而且还扮演了妹妹的"保护人"的角色;妹妹则理所当然充当了被保护的角色。

可见,充当何种角色对孪生姐妹的性格异样是关键的因素。其实,并非只是孪生子才有"角色效应",正常的人都会受到角色的影响。充当"知识分子"这个角色,就会受到"文质彬彬"等一些角色要求的影响;充当"教师"这个角色,就会有"为人师表"等角色要求。它就像"魔绳"一样,把你紧紧地捆束在这个角色之中。

同样,学生在校、班、组中所充当的角色也就影响了他的性格。日本心理学家长岛真夫等人,研究了班级指导对"角色"加工的意义。他们在小学五年级的一个班上进行了实验。这个班有 47 名学生,他们挑选了在班级中地位较低的 8 名学生,任命他们为班级委员,在他们完成工作任务的过程中给予适当的指导。一个学期过后进行测定,发现他们在班级中的地位有显著的变化,第二学期选举班干部时,这 8 名学生中有 6 名又被选为班级委员。另外,也观察到这 6 名新委员在性格方面,诸如自尊心、安全感、开朗性、活动能力、协调性、责任心等特征都有所变化。从全班的统计来看,原来不积极参加班级活动的孤独、孤僻儿童的比例也大大下降了,整个班级的风气也有所改变。

可见,学生的性格形成在很大程度上是受"角色"影响的。那么,怎样来发挥角色的良好效应呢?

第一,教师可以运用伙伴选择法(即社会测量法),描成人际关系图和人际矩形图,从中可以看出每个学生在班级中所处的地位。如哪些是"人缘儿",哪些是"嫌弃儿",哪些是中间型的。然后采取措施,用充当角色的方式促使"嫌弃儿"发生变化,如让"嫌弃儿"充当图书管理员或其他一些必定要与同学们发生交往的角色。

第二,班干部、团干部等角色最好也能让每一个同学都有机会充当。

095 棘轮效应

商朝时,纣王登位之初,天下人都认为在这位精明的国君的治理下,商朝的江山一定会坚如磐石。

有一天,纣王命人用象牙做了一双筷子,十分高兴地使用这双象牙筷子就餐。他的叔父箕子见了,劝他收藏起来,而纣王却满不在乎,满朝文武大臣也不以为然,认为这本来是一件很平常的小事。

箕子为此忧心忡忡,有的大臣莫名其妙地问他原因,箕子回答说:"纣王用象牙做筷子,必定再不会用土制的瓦罐盛汤装饭,肯定要改用犀牛角做成的杯子和美玉制成的饭碗;有了象牙筷、犀牛角杯和美玉碗,难道还会用它来吃粗茶淡饭和豆子煮的汤吗?大王的餐桌从此顿顿都要摆上美酒佳肴了;吃的是美酒佳肴,穿的自然要绫罗绸缎,住的就要求富丽堂皇,还要大兴土木筑起楼台亭阁以便取乐了。对这样的后果我觉得不寒而栗。"

仅仅 5 年时间,箕子的预言果然应验了,商纣王恣意骄奢,便断送了商汤绵延 500 年的江山。

在上面的故事中,箕子对纣王使用象牙筷子的评价,运用了现代经济学一种消费效应——"棘轮效应"。

所谓"棘轮效应",又称制轮作用,是指人的消费习惯形成之后有不可逆性,即易于向上调整,而难于向下调整。尤其是在短期内消费是不可逆的,其习惯效应较大。这种习惯效应,使消费取决于相对收入,即相对于自己过去的高峰收入。

这一效应是经济学家杜森贝提出的。古典经济学家凯恩斯主张消费是可逆的,即绝对收入水平变动必然立即引起消费水平的变化。针对这一观点,杜森贝认为这实际上是不可能的,因为消费决策不可能是一种理想的计划,它还取决于消费习惯。这种消费习惯受许多因素影响,如生理和社会需要、个人的经历、个人经历的后果等。特别是个人在收入最高期所达到的消费标准对消费习惯的形成有很重要的作用。

实际上"棘轮效应"可以用宋代政治家和文学家司马光一句著名的话来概括:南俭入奢易,南奢入俭难。这句话出自他写给儿子司马康的一封家书《训俭示康》中,除了"南俭入奢易,南奢入俭难"的著名论断,他还说:"俭,德之共也;侈,恶之大也。"司马光秉承清白家风,不喜奢侈浪费,倡导俭朴为美,他写此家书的目的在于告诫儿子不可沾染纨绔之气,保持俭朴清廉的家庭传统。

在物质不再匮乏,生活必需品不再靠计划供应的今天,在保健品、营养品、吃饭穿衣以及文娱活动极其丰富的家庭生活环境里,再提"南奢入俭"是不是有些不合时宜。

诚然,"棘轮效应"是出于人的一种本性,人生而有欲,"饥而欲食,寒而欲暖",这是人与生俱来的欲望。人有了欲望就会千方百计地寻求满足。

从个人的角度来说,我们对于欲望既不能禁止,也不能放纵,对于过度的以及贪得无厌的奢求,必须加以节制。如果对自己的欲望不加限制的话,过度地放纵奢侈,没能培养俭朴的生活习惯,必然会使自古"富不过三代"之说成了必然,就必然出现"君子多欲,则贪慕富贵,枉道速祸;小人多欲,则多求妄用,败家丧身。是以居官必贿,居乡必盗"的情况。

096 跳蚤效应

孩子失败了,不是因为他们没有能力,而是因为在心中给自己设定了一个高度,认为这就是自己的极限。父母要做的,就是帮助孩子突破自我设定的界限,勇敢地超越自己,追求成功。

生物学家在玻璃杯中放入几只跳蚤,跳蚤轻而易举地跳出杯子。然后,研究者在杯子上加了一个玻璃盖。跳蚤在跳的过程中,重重地碰到了透明的盖子上。碰的次数多了,跳蚤就变聪明了,它们开始根据玻璃盖子的高度调整自己所跳的高度。一段时间后,跳蚤再也没有撞到盖子上,而是在盖子下面自由地跳动。又过了一段时间,研究者轻轻地拿去上面的透明盖子。跳蚤不知道盖子被拿走了,仍旧按照调整后的高度不停地跳跃。这就是"跳蚤效应"。

跳蚤在碰壁的过程中,给自己设定了一个限度,以后即使去掉了盖子,它们仍旧不能突破自己的限度。并非跳蚤失去了跳跃的能力,而是在碰壁之后,变乖了,麻小了,习惯了。

人也是这样。许多人给自己设定了一个限度,这就等于把自己关在心中的樊笼中,放弃了成长的机会。有些孩子像跳蚤一样,经历了几次失败后,就开始怀疑自己的能力和智力,陷入迷茫与彷徨。这时,父母要及时和孩子沟通,帮助孩子分析遇到的难题和情况,鼓励孩子从失败中站起来,重新开始,勇敢地去超越自己。

丹麦哲学家齐克果说:"一旦你标定了我是什么样的人,你就是否认我。"一个人遵守别人给他下的定义时,自我就不存在了。有时候,孩子不敢去追求成功,不是因为他追求不到成功,而是因为他在心里默认了一个"高度"和限度。孩子会暗示自己：成功难以做到，它已经超出了我的能力范围。所以，父母应该明白，"心理高度"是孩子无法取得成功的根本原因，而不是孩子没有能力去获得成功。面对这种情况，父母应该教育孩子要敢于追求成功，突破自我设定的界限。

097 墨菲定律

"墨菲定律"是美国的一名工程师爱德华·墨菲做出的著名论断。"墨菲定律"的主要内容是：事情如果有变坏的可能，不管这种可能性有多小，它总会发生。

"墨菲定律"是什么？最简单的表达形式是"越怕出事，越会出事"。

爱德华·墨菲是一名工程师，他曾参加美国空军于 1949 年进行的 MX981 实验。

这个实验的目的是为测定人类对加速度的承受极限。其中有一个实验项目是将 16 个火箭加速度计悬空装置在受试者上方，当时有两种方法可以将加速度计固定在支架上，而不可思议的是，竟然有人有条不紊地将 16 个加速度计全部装在错误的位置。于是墨菲做出了这一著名的论断，并被那个受试者在几天后的记者招待会上引用。

这句话迅速流传。经过多年，这一"定律"逐渐进入俚语范畴，其内涵被赋予无穷的创意，出现了众多的变体，"如果坏事有可能发生，不管这种可能性多么小，它总会发生，并引起最大可能的损失""会出错的，终将会出错"。

墨菲定理的原句是这样的：如果有两种或以上选择，其中一种将导致灾难，则必定有人会做出这种选择。

"墨菲定律"诞生于 20 世纪中叶，这正是一个经济飞速发展，科技不断进步，人类真正成为世界主宰的时代。在这个时代，处处弥漫着乐观主义的精神：人类取得了对自然、对疾病以及其他限制的胜利，并将不断扩大优势；我们不但飞上了天空，而且飞向太空……我们能够随心所欲地改造世界的面貌，这一切似乎昭示着：一切问题都是可以解决的。无论是怎样的困难和挑战，我们总能找到一种办法或模式战而胜之。

098 重要效应

同样是求人办事,如果不懂得他人的心理,不知将心比心,那么原本简单又容易的事情也办不成;如果了解他人的心理,进而以心攻心,那么几乎不可能办成的事情也能办成。

人人都有自尊心、虚荣心,每个人都希望得到别人的认同,都希望自己是"唯一的""特别的"。

诸如此类的"唯有你能"或"除了你,谁也不能"等字眼,往往让人的心理受到强烈的冲击,让人产生一种被给予某种特别优待的错觉。

因为这种错觉,一个人的自尊心被激发了,虚荣心也得到了满足。虽然明知那是奉承,但听起来还是让人感到舒畅。

在日常生活中,如果想要说服对方接受自己的观点,按照自己的意愿办事,不妨大方地使用这样的字眼。

比如,分派下属担任一项重大任务时,你不妨有意无意地强调该项任务的艰巨性,说:"我想来想去,唯有你能……"强调"非他莫属"。

请求他人为你解决棘手的问题时,不妨故意夸大对方的重要性,说:"除了你,没有谁有这么大的本事!"

请相信,任何人都可能在你精心设计的"特别"的光环中,忠心为你办事,帮你办成"特别"的事。

心理学告诉我们,人人都希望别人尊敬自己、看重自己。换句话说,人人都想成为重要人物。世界上没有不想成为重要人物的人。即使最没有雄心、最谦逊的人,也希望被人重视。一旦你把这种认识融入你的头脑,成为你日常思考的一部分,你将获得不可思议的洞察力,明白人们为什么要做他们正在做的事。

　　人们并不在乎你知道多少，但在乎你是否关心他们。当他们知道你关心他们时，他们对你的感觉就会改变。所以你要向每一个人传达一个信息——对你而言，他或她是重要人物。如果得到理解和信任，人人都能成为重要人物。一旦你理解和信任他们，他们就真的能成为重要人物，最终让你的收获大于你的付出。对你而言，人人都有成为重要人物的潜质，而他们需要的只是来自你的信任和鼓舞，因为这能帮助他们发挥潜能。